穿越46亿年深地

高建伟 著

李 林 绘

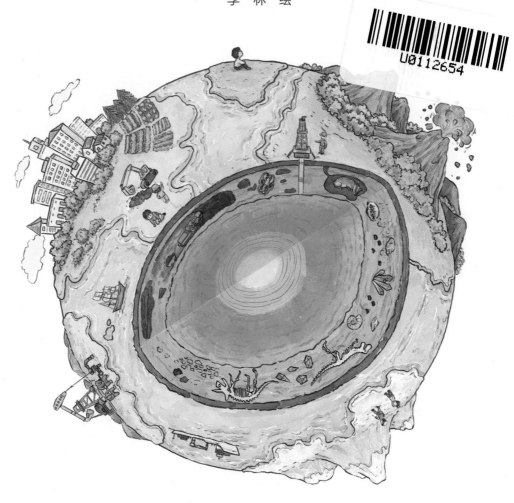

河南科学技术出版社

· 郑州 ·

图书在版编目（CIP）数据

穿越46亿年深地/高建伟著；李林绘. —郑州：
河南科学技术出版社，2023.2
（"闪耀深空深海深地的中国科技"科普丛书）
ISBN 978-7-5725-0994-0

Ⅰ.①穿… Ⅱ.①高… ②李… Ⅲ.①矿产资源—地
质勘探—中国—普及读物 Ⅳ.①P624-49

中国版本图书馆CIP数据核字（2022）第182121号

顾问专家：王成善　苏德辰　郭友钊

出版发行：河南科学技术出版社
　　　　　地址：郑州市郑东新区祥盛街27号　　邮编：450016
　　　　　电话：（0371）65737028　65788642
　　　　　网址：www.hnstp.cn
策划编辑：慕慧鸽　王　丹
责任编辑：慕慧鸽　王　丹
责任校对：耿宝文
封面设计：张　伟
责任印制：宋　瑞
印　　刷：河南博雅彩印有限公司
经　　销：全国新华书店
开　　本：720 mm×1 020 mm　1/16　印张：10.25　　字数：240千字
版　　次：2023年2月第1版　　2023年2月第1次印刷
定　　价：69.00元

他们
都推荐这套书

《穿越46亿年深地》一书用真诚、朴实、准确而有趣的文字，告诉小朋友科学家为何要向地球深处挺进，是一部不可多得的科普作品。

——中国科学院院士、著名地质学家

大多数读者可能知道我们的地球是由地壳、地幔和地核等圈层组成的，但是很少有人知道科学家是如何穿越时空获取地球内部结构的精确数据的，可能更少有读者知道人类在向地球深部进军的过程中，中国的科学家正在做着越来越多的贡献。《穿越46亿年深地》一书不仅向读者普及了一些地球科学知识，更是用简洁的语言和丰富的资料向读者讲述了科学家通过科学钻探手段，利用地球物理、地球化学等方法逐步解开地球结构之谜的故事，特别是书中重点讲述了中国地质工作者在科学钻探领域的贡献，值得一读。

——中国地质科学院地质研究所研究员、自然资源首席科学传播专家 苏德辰由获得矿产之利又深受地震之害的唐山籍青年地质学家给小朋友普及地球知识，别有一番趣味：岩层一厘米记录一万年，向地心穿越46亿年，诙谐的文字将告诉你人类为何要穿越地下深处，以及穿越的方法和所遇到的"岩封"故事——它比尘封的故事更能体现地球如何厚待人类，又如何惊扰人类！

　　　　　　——中国地质科学院地球物理地球化学勘查研究所教授级高级
　　　　　　工程师、自然资源首席科学传播专家　郭友钊

　　认识宇宙、认识太阳系，从《飞向浩瀚深空》这本书开始，它带你飞向浩瀚星空。

　　　　　　——中国科学院空间应用工程与技术中心研究员、
　　　　　　航天战略专家　张伟

　　在《飞向浩瀚深空》一书中，作者用通俗易懂的语言介绍了宇宙、太阳系和人类航天活动历史，应能激发更多青少年探索宇宙的决心。

　　　　　　——中国科学院国家空间科学中心研究员、中国空间科学学会
　　　　　　科普工作委员会主任、中国航天科普大使　刘勇

　　地球只是广袤宇宙的一隅，却是所有人类的温暖摇篮。在《飞向浩瀚深空》一书中，张晟宇博士用他精湛的语言和丰富的知识，向我们展示了人类如何通过发展航天技术迈出摇篮，走向万象星辰。原来，人类的梦想，才是浩瀚星空中最亮的那颗。

　　　　　　——中国航天科普大使、瑞士伯尔尼大学天文航天学院
　　　　　　中级研究员　毛新愿

《潜入万米深海》中不仅介绍了丰富的海洋科学知识，还讲述了人类的海洋探索史。它用平易有趣的语言，以海洋基础知识为经，人文探索、科技发展为纬，纵横交织了一部精彩的海洋时空画卷，可读可赏。

　　　　　　　　　　　　　　　　——中国科学院院士

　　《潜入万米深海》是送给青少年读者的一本"海洋手册"，解析海洋的方方面面，让读者跟随科考一线的科学家，身临其境地感受科考一线的精彩瞬间，畅游万米深海，像科研工作者一样去探索、去发现！

　　　　——福建台湾海峡海洋生态系统国家野外科学观测研究站站长、

　　　　　　厦门大学南强特聘教授

推荐序

中国科学院院士
著名地质学家

地球是人类赖以生存的家园，在地球46亿年漫长的演化史中，她从最初的水深火热、了无生机到今天的山光水色、生机盎然，经历了海陆变迁、沧海桑田，见证了生物物种的大爆发、进化与灭绝等事件，这些事件的起因、过程和结果是如此神秘，令人着迷。

探索地球的奥秘是地质工作者永远的课题。我们知道，地球是一颗岩质行星，要想知道地球的奥秘，自然少不了研究岩石。为此，地质工作者常年奔赴在野外，跋山涉水、风餐露宿，搜集、研究来自地球各地的石头。在地质工作者的眼中，每一块石头都是有生命的，它们的成分、结构等特征记录了几千年前甚至亿万年前的地球信息，通过研究石头，地质工作者可以还原地球发生过的神秘故事。

当然，我也不例外。我没有一天不想去野外，去"听"石头"讲述"科学故事，我还喜欢研究尘封在地下深处的岩石。地下深处遍布岩石，但在地下高温高压的环境下，要想把深地岩石取出来可不容易。我们先来看一组数据，截止到现在，人类已经有将近500人到过地面100千米以上的太空，到过海底最深处的也有几十个，但对于地心的认识，人类至今还停留在理论阶段。目前世界上最深的钻井深

1

度约为12千米，而地球的平均半径长达6 371千米，12千米仅仅约为地球半径的0.2%，足见入地比登天、下海更难。深地探测考验的是一个国家的"入地"能力。经过多年的不懈探索与努力，我国"入地"已经取得了一系列重大突破，深地探测技术水平进入国际前列。

既然"入地"如此之难，我们为什么还要实施呢？这是因为同深空、深海一样，深地也是重要的战略高技术领域。深地探测对于我们掌握地球运动规律以预测地质灾害，认识生命科学、地球气候变化以应对全球气候变暖危机，解决人类发展的资源和能源需求以实现长远发展都具有重要意义。

科技的未来在青年，我国地质学的未来也需要一代又一代青少年的加入。所以，当得知自然资源实物地质资料中心的青年科研人员高建伟在繁忙的科研工作之余，还能够心系地质科普事业，培养青少年对地质学的兴趣与爱好，我感到很欣慰。

《穿越46亿年深地》开启了一场很有趣的"入地"之旅，它从地球的结构、地形地貌、板块运动、地球元素组成、地球内部的矿产资源等基础知识讲起，层层深入，引出人类为什么要进行深地探测，以及如何开展深地探测，让青少年认识地球物理方法、科学钻探方法等先进的理论和技术；同时，还讲述了我国接续奋斗的地质人不畏艰难、克服重重困难打破技术封锁的动人精神故事，是一本兼具科学知识普及与人文素养培养的科普佳作。

地球是我们的家园，然而我们对她的认识还远远不足。探索地球的奥秘就像研究我们人类的历史一样，我们了解地球上千万年前甚至上亿年前的过去，从而预测我们生存的地球未来将去向何方，也更懂得如何爱护她。

希望我们的孩子在追求梦想的道路上，崇尚科学、敢于创新，要相信最美的"星辰大海"就在前方……

穿越古老时光　走进46亿年深地

现在想来，我能与地质学结缘并能够成为一名地质工作者，离不开家乡对我的影响。

我的家乡在河北唐山，一座拥有百年工业历史的城市，这里以富有煤矿和铁矿而闻名，中国最早的大型新式采煤企业——开平矿务局就诞生于此。"因矿兴市"，是人们对唐山这座城市过往发展历史的精练总结。不过，现在大多数人知道唐山，应该是从一部电影《唐山大地震》开始的。1976年，一场7.8级的大地震几乎将这座拥有百万人口的工业城市夷为平地，给人们带来了巨大的伤痛。老一辈的唐山人至今回忆起这场灾难，都会脊背发凉，酸楚与苦涩充盈心间。记得小时候，我的母亲就问过我这么一个问题："为什么咱们唐山这么爱发生地震呢？"带着这个问题，我在高考填报志愿时选择了地质学专业。

地质学是做什么的？其实我最初对它的认识来自小时候身边长辈人的闲聊内容，"谁谁家的孩子念了地质学专业后进了矿务局/地质队/矿业公司上班"。这种认识的改变乃至真正走近地质学，是从我进入大学、参加工作后的一次次野外科考开始的。"不出野外不可能学好地质学"是流传在我们地质人中的一句话。地质人的野外科考范围广，足迹遍布高原海岛、高山峡谷、深海大洋、乱石丛林……地质人跋山涉水、翻山越岭，只为探寻每个地质现象背后的故事。

我去过很多地方开展野外考察，每次都要背上行囊，带上罗盘、锤子、放大镜、GPS、相机等工具。每到一处，我都会认真观察地质现象、采集地质标本、绘制地质图件等，有的时候还需要进行地质钻探，采集地下的岩石。野外科考结束返回后，我和队友还需要将这些资料做进一步整理，将采集的标本送到实验室进行分析、测试，试图解读地球亿万年前发生的故事。

　　野外科考环境有时是恶劣的。记得有一次我和队友在黑龙江小兴安岭地区的原始森林进行地质调查，由于原始森林山高路远，隐藏着沼泽湿地，而且野外露头（裸露的地质体或地质现象）比较少，这给我们野外工作的顺利开展造成了一定的困难。考察过程中，我不小心滑入沼泽地，非常危险，幸好有队友帮助，得以转危为安，我和队友自此便建立了深厚的友谊。

　　虽然地质工作是艰辛的，却也让我有机会将大自然的壮阔美景尽收眼底。群峰百态的丹霞地貌、瑰丽奇特的喀斯特地貌……这些鬼斧神工的地质景观动人心魄、令人震撼。地球上千姿百态的地貌是如何形成的？它们诉说着怎样的故事？我们如何才能读懂它们？地球深处还有哪些奥秘？这些科考路上的所思所想成为我科普路上的原动力，慢慢积累，只待触发。而触发我开启科普工作的，就是中国地质科学院地质研究所的苏德辰研究员。在筹建单位的科普展馆时，我有幸认识了苏老师，我听过苏老师很多场科普报告，也多次和他一起去野外带学生实习，苏老师可以说是我科普路上的领路人。苏老师是国内知名的科普专家，一个个专业名词在他的解释下变得通俗易懂、趣味横生。现在，我也已经开展了很多场科普讲座，每次开讲前，我都会精心准备材料，确保每个知识点都科学准确、生动易懂而且有趣，当看到孩子们对地学知识渴求、对地球奥秘神往的眼神和沉浸忘我的表情，我更加坚定了自己的科普信念。

地球的表面有绝美的景色，地球的内部则埋藏着46亿年的秘密。人类在向地球深部进军的道路上已经走了很久，需要我们用朴实的语言揭开地球内部的神秘面纱。本书从地球的结构、地形地貌、板块运动、地球元素组成及地球内部的矿产资源等基础知识入手，讲述人类为何克服万难也要开展深地探测，地球深处还蕴藏着哪些新能源，为什么说一厘米的深地岩心能诉说一万年的地球历史，统治地球1.6亿年之久的恐龙到底是怎么灭绝的……跟着我国深地探测的大国重器，一起去寻找问题的答案吧！

希望大家通过阅读本书，更好地认识我们的地球家园。我愿意为你心中向往的地心之旅造一双科学之翼，带你飞过重重疑惑，抵达地球科学的最深处。

高建伟

2022年9月于河北燕郊

小读者们，我们的深地穿越之旅就要开始了。我们要跟随书里的内容一步步挺进地心世界，开始崭新的旅程了。在这次奇妙的科学之旅中，入地利器——"地壳一号"万米钻机会不时出现，给我们讲解富有魅力的科学知识。地球演化过程的见证者和记录者——火山，像一位老爷爷，向我们娓娓道来它对科技的人文思考和发现。

让我们跟随它们，开启我们的旅程吧！

"地壳一号"万米钻机

火山

第一章

足下的土地

第二章

地球内部的宝藏有千万种

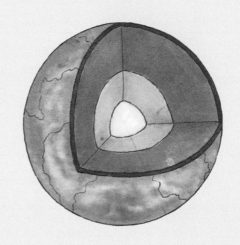

第三章

解开地球奥秘的深地探测

第四章

通往地球内部的"时空隧道"

第五章

逐梦深地

第一章

足下的土地

地球是个同心球

今天，我们依靠先进的科技可以从太空中观察到地球的全貌：一些飘浮着的，如同棉花般的白色物质包裹住一颗蔚蓝色的星球，蓝白之余还有一些绿色和黄色。简单地讲，那些白色物质就是大气层，蓝色是大海的颜色；绿色和黄色则分别是陆地上的各类景象，如草原、森林、山川、沙漠等的颜色。我们脚下的热土与大气、水、生命相互联系、相互作用，使整个地球生机盎然。

右面这张照片是由阿波罗17号飞船上的航天员拍摄的，这也是人类首次获得的完美地球照片。（该照片由中国地质科学院地质研究所苏德辰研究员提供）

地球是一个具有同心圈层结构的非均质体。以地球固体表面为界，这些圈层分为外部圈层和内部圈层，外部圈层分为大气圈、水圈、生物圈，内部圈层分为地壳、地幔、地核。如果把地球比成一个同心球，那么同心球的外部圈层就是位于地表之上的我们生活的世界，同心球的内部圈层就是位于地表之下的地壳、地幔和地核。

大气圈不仅提供了地球上各种生物呼吸所必需的空气，还能将强烈的太阳辐射隔离在外，保持地球环境的稳定，堪称地球的"保护罩"。根据大气在不同高度的温度、密度及运动状况的变化，科学家将大气层由下到上一共分为五层：对流层、平流层、中间层、热层、外大气层。其中，对流层的空气更多地受地表影响，会发生强烈的对流运动，所以影响我们日常生活的雨、雪、冰雹等气象就发生于此。平流层天气晴朗，大气透明度好且气流以水平运动为主，所以民用飞机一般会在平流层飞行，以保证安全；平流层中还存在臭氧层，它能吸收太阳紫外线，是地球生命的"保护伞"。中间层空气稀薄，有相当强烈的垂直运动。绚丽多彩的极光现象发生在热层。热层以外就是外大气层了，这里的空气非常稀薄。外大气层以外的空间就是星际空间了，航天器

外大气层

热层

中间层

平流层

对流层

飞出这一层后便进入了太空。

水圈是由地表所有水体构成的圈层。水是生命的源泉，离开了水，地球上的生命也就不复存在。水圈是一个动态循环体：在太阳的照射作用下，海水的温度会升高，此时会有一部分海水从海洋中蒸发并进入大气层中，水蒸气随大气运动被运输到内陆，当水蒸气遇到冷空气或者大气降温时，水蒸气就会凝结并以降雨、降雪等形式降落到陆地上，陆地上的水也会再次流回到大海，就这样周而复始、循环往复，以此保持着陆地水资源的平衡。水圈中的水不光包括海水、河水、湖水、地下水等液态水，还包括冰川中的固态水和大气中的气态水。当然，海洋无疑是水圈的主体，因为它占据了地球上超过96%的水。

生物圈包含地球上的所有生命。生命丰富多样，它们有缤纷绚丽的色彩、千姿百态的外形、灵活多变的功能；它们的种类丰富，包括畅游水下的水生生物、小巧灵动的昆虫、健步飞奔的走兽、翱翔云端的飞鸟、挺拔俊俏的植物等。地球是目前已知的唯

保护臭氧层

臭氧是氧的另一种存在形式，每个臭氧分子由三个氧原子组成。臭氧层能够吸收紫外线，保护人类。尽管臭氧层距离地面很高，但它仍非常容易被我们人类活动影响，有证据表明，南极上空已经出现臭氧层空洞。所以，我们要爱护环境，为保护臭氧层做出我们的贡献。

一有生命存在的星球。虽然至今没有人准确知道地球上有多少种生物，但这丝毫不影响人们对地球生物多样性和复杂性的惊叹与赞美。这些生活在海洋里、陆地上或飞上天空的生物，生存繁衍的战术缤纷多样，各有所长。

地球的外部世界是如此丰富多彩，你有没有幻想过，我们足下的土地里都是什么样子，又发生了什么呢？

下面，让我们踏上探索地球的奇妙旅程，向地心挺进，看看地球深处有什么或者发生了什么故事吧！

洋葱、桃子和鸡蛋，地球更像哪个？

人类对地球形状的认识经历了一个漫长而曲折的过程。由于受到活动范围的限制，古人只能看到自己生活的一小块地方，只能根据自己看到的景象和据此产生的遐想来解释地球，于是产生了各种各样稀奇古怪的故事和神话传说。

直到公元前300年，古希腊哲学家亚里士多德在一次观察**月食**时发现月面的黑影呈弧形，他认为月食是地球在月球上的投影，既然黑影呈弧形，就说明地球的外形是球形。15世纪以后，新航路的开辟拓宽

月食

月食，又称月蚀，是一种当月球运行进入地球的阴影时，原本可被太阳光照亮的部分，有部分或全部不能被直射阳光照亮，使得月球表面变暗的天文现象。

月食发生时，太阳、地球、月球恰好或几乎在同一条直线上，因此月食必定发生在满月的晚上（农历十五、十六或十七）。

了人类的视野，科学革命的兴起改变了人类历史的进程。1519—1522年，葡萄牙航海家麦哲伦率领的船队首次实现了人类环球航行，第一次用实践证明了地球是球形的。

人类的好奇心和探索欲是无尽的，知道了地球的形状后，我们对地球的内部世界又充满了好奇与疑问。地球内部究竟是什么样的呢？

地球太大了，不能像蛋糕一样切开一探究竟。那么，我们用什么方法才能探测地球内部，给地球内部做"体检"呢？这里就要提到地震了。大家都知道，地震是常见的地质灾害，会给人类带来不同程度的灾难。但凡事都有两面性，地震在给我们造成伤害的同时，也成为帮助我们了解地球内部的"利器"。

地震的破坏性是地震波造成的，为了研究地震波，科学家研制出了**地震仪**，并将地震仪布设在地球上的多个地方来接收地震波。当某一地区发生地震时，地震波会在地球内部传播，当地震震级足够大的时候，地球另一端的地震仪也能检测到地震波的存在。类似于给

中国古代的地震仪

东汉末年，我国著名科学家张衡发明了最早的测定地震的仪器——候风地动仪，它有八个方位，每个方位上都有一条含着铜丸的龙，龙嘴巴的正下方有张开嘴巴的金属蟾蜍。当发生地震时，对应方向的龙口所含的铜丸就会掉进蟾蜍的嘴巴里。

人体成像的X射线，这些地震波为人类研究地球内部提供了一种"透视"地球的手段，人类利用地震仪接收的大量数据来分析和研究地球的内部结构。

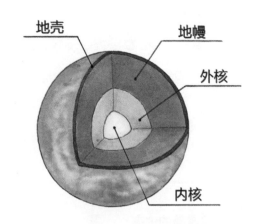

科学家发现，地球的内部原来是有圈层结构的。那地球的内部结构是像洋葱一样，一层一层的，可以剥开；还是像桃子，有一个很大的核；又或者是像鸡蛋呢？

通过对地球地震波的研究，科学家将地球内部分为三个圈层结构：地壳、地幔和地核。其中，地核又可分为外核和内核。

地壳位于最外层，是一圈相对比较薄的岩石外壳。它可以分为陆壳（大陆地壳）和洋壳（大洋地壳）两种类型。大洋地壳相对较薄，平均厚度大约为7千米，主要由黑乎乎的玄武岩组成；大陆地壳相对较厚，平均厚度大约为33千米，某些高原的地壳厚度可以达到70多千米。大陆地壳是由各种各样的岩石组成的，如花岗岩、闪长岩、玄武岩、石灰岩、页岩、片岩、片麻岩、大理岩等，不胜枚举。地球上地壳最厚的地方是我国的青藏高原，印度板块（印澳板块的子板块）与欧亚板块的挤压碰撞，以及随后印度板块俯冲到欧亚板块之下造成了青藏高原的隆起，并使青藏高原成为世界上海拔最高的高原，这里的地壳厚度是大陆地壳平均厚度的两倍多。也许你认为地下33千米已经很深了，但是将它与6 371千米的地球平均半径相比，就变得非常小了，因为地壳的厚度仅仅约是地球半径的二百分之一。

莫霍面的由来

1909年，地震学者莫霍洛维奇在分析地震资料时，发现地震波在此处传播时速度变快了，它把地球的地壳和地幔分开，后来人们为了纪念莫霍洛维奇，故将地壳和地幔的分界面称为"莫霍面"。

地壳的下面是地幔，它们中间有个分界面，叫"**莫霍面**"。在研究地震波在地球内部的传播速度时，科学家发现了一个有意思的现象，"莫霍面"这个地方的地震波的传播速度突然增加了。基于此，科学家将"莫霍面"作为地壳和地幔的分界线。

相比地壳，地幔的厚度就非常大了，地幔延伸到了地下大约2 900千米的地方。同样是依据地震波在地球内部的传播速度变化，科学家将地幔分为上下两层，即上地幔和下地幔。上地幔从"莫霍面"开始，延伸到地下大约1 000千米的地方。在上地幔的上部，这里的地震波速度比上地幔其他地方的速度都低，科学家称其为软流层。软流层的温度很高，这里的物质是固态和液态的混合物，类似于我们吃的疙瘩汤，能缓慢流动。上地幔顶部与地壳都由坚硬的岩石组成，统称为岩石圈，岩石圈"坐"在软流层上并伴随其移动，所以地球内部不是静止的，而是运动的。下地幔物质呈固态。

地幔的下面是地核，它们之间的分界面是**"古登堡面"**。地震学者古登堡发现，地震波传播到这里的时候，其速度再一次突变，故将"古登堡面"作为地幔和地核的分界面。地下大约2 900千米到地心是地核。通过地震波，科学家推断地核分为两个部分，即内核和外核。外核是液态的，因为地震波中的横波传播到这里就消失了，纵波的速度突然降低了；外核中液态物质的流动形成了地球磁场。内核是固态的，尽管内核的温度非常高，但是由于地心存在巨大的压力，所以内核是固态的。

古登堡面的由来

古登堡在研究地震波传播时发现，地震波从莫霍面向下到地下约2 900千米处，纵波速度突然下降，而横波完全消失，古登堡由此推算出这一界面。

回到最初的问题上来，洋葱、桃子和鸡蛋，地球到底像哪一个呢？我觉得地球更像是一个鸡蛋，蛋壳为地壳，蛋清为地幔，蛋黄为地核。因为这是非常好的对应关系。但是，从地质分层的角度来看，地球也像一个洋葱，因为扒开每一层岩层，都是一个新的世界。桃子呢，有一个硬硬的核，道理上更像地核一点。结论也许不重要，重要的是，我们在类比的过程中，更加了解这个蔚蓝色的、不停自转的星球。

千姿百态的大陆

我们常说"三分陆地，七分海洋"，是因为在地球上，海洋约占71%，陆地约占29%。虽然占地球面积最大的是海洋，但是因为我们人类还没有两栖的本领，所以我们是居住在陆地上的地球居民。你居住的陆地是什么样子的呢？你是什么时候意识到，即便都是陆地，也有千差万别的形态呢？我先讲一个东北朋友的故事吧。

我的朋友小时候居住在东北平原上，这可是中国面积最大的平原，它的面积有35万平方千米。可能我这样说，你们不会有概念。在铁路交通不发达的当时，他能接触到的最快的交通工具就是绿皮火车了。绿皮火车不同于现在的高铁稳定、快速，而是晃晃荡荡，一站一停。他小的时候，有一次坐绿皮火车，从辽宁省出发，往北方去。火车一路向北，他一路上看到的全是平坦的田地和遥远的地平线，没有遮挡，没有边界，一望无际。火车开了两天两夜，直到出了吉林省，风景仍然没有变，他没有见到山川沟壑，也没有见到盆地丘陵。他乘火车花了两天两夜的时间，竟然没有走出东北平原！

因为居住和活动的范围都在平原地区，小时候的他一直以为，地球上所有的人都住在平坦的大地上。

后来，他长大了，有机会去祖国的大西北，当时他还是坐绿皮火车。火车慢慢跑出了东北平原，来到了黄土高原。车窗外的景致就和以前看到的完全不一样了。黝黑的东北黑土地变成了疏松的黄土地，平坦的地貌不复存在，山峰、沟壑交替出现。火车也不是一直在平地奔跑，而是一会儿爬上山顶，一会儿钻过山洞，在崇山峻岭之间穿梭。坐火车的过程也不像以前一样枯燥无

聊，钻进山洞时黑乎乎的视野、爬到山顶一览众山的豪迈，让他着实感受到了地形的复杂多变。

在我们生活的陆地上，复杂多变的地形构成了壮美奇特的地貌景观。根据高低和形态的差别，陆地地形可分为高原、丘陵、平原、山地和盆地五种基本类型。

高原指海拔在500米以上、顶面比较平缓的高地，边缘往往有陡峭的崖壁。丘陵指坡度较缓、连绵不断的低矮山丘，海拔大致在500米以下，相对高度一般不超过200米。平原指海拔高度小于200米的宽广低平地区，以较小的高度区别于高原，以较小的起伏区别于丘陵。山地指地面起伏显著，群山连绵、岭谷交错，海拔

一般在500米以上，相对高度大于200米，具有独特气候、水文、土壤和生物群落特征的区域。盆地指四周高（山地或者高原）、中部低（平原或者丘陵）的地区。

在中国约960万平方千米的陆地面积上，不管是平原还是高原，不管是盆地还是丘陵，都能找到典型的代表。

说到高原，"呀啦索，那就是青藏高原……"一定会萦绕耳畔。歌曲《青藏高原》唱出了人们对"世界屋脊"——青藏高原的向往。而位于我国西南边境的世界第一高峰、享有"地球之巅"之

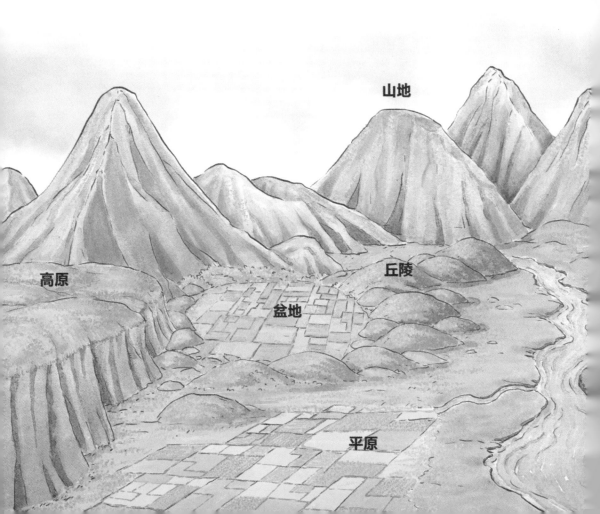

称的**珠穆朗玛峰**则是无数登山爱好者的人生目标。2020年12月8日，珠穆朗玛峰最新海拔公布，为8 848.86米。

领略了平原的广阔无垠，高山、高原的大气磅礴，我们再来看看丘陵和盆地。

我国丘陵众多，著名的三大丘陵有东南丘陵、辽东丘陵、山东丘陵。有的小朋友，可能住在梯田遍布的丘陵地区。梯田依傍丘陵而建，勤劳聪明的中国人，根据丘陵的走向，巧妙地将原本不适合种植农作物的"小山"，改造成像花地毯一样的梯田。

我国的四大盆地为塔里木盆地、准噶尔盆地、柴达木盆地、四川盆地。四川盆地土地肥沃、气候温和、雨量充沛，自古便有"天府之国"之称。成都常年湿润暖和的气候特征，也是盆地气候的代表呢。

现在大家都想一想，你是什么时候意识到不同地形有千差万别的景致的呢？发现这个问题以后，你又见过多少不一样的地形呢？最后，你难道不好奇这些复杂多样的地形是如何形成的吗？是地球一开始就长这个样子吗？

珠穆朗玛峰还在"长个子"

珠穆朗玛峰造山运动仍在持续。由于印度板块"钻"到欧亚板块底下，喜马拉雅山还在不断隆升，在垂直方向，珠峰地区每年隆升约4毫米。

陆地以前不这样

你喜欢玩拼图游戏吗？拼图游戏的魅力，就是从乱七八糟的小块中，找到图案与形状完全吻合的两块，体验拼合在一起时的快乐。现在让我们一起看看世界地图，放眼全世界伟岸曲折的海岸线，当你看见巴西东端近似直角的突出部分，会不会产生和非洲西部呈直角凹进的几内亚湾拼在一起的冲动？

说起来你肯定很惊讶，人类对于地球大陆的深刻认识跟一次地球上的"超级拼图游戏"有关，而在整个地球上实施"乾坤大挪移"般魔法的科学家就是德国气象学家**魏格纳**。

1910年的一天，30岁的德国气象学家魏格纳身体欠佳，卧床休息。当看到墙上的世界地图时，他意外地发现，大西洋两岸的大陆轮廓一个凹进去，一个凸出来，如果拼在一起，大致吻合。他忽然间冒出来一个大胆的想法，如果把世界范围内的陆地当成一个大拼图玩具，是不是能拼成一个完整的形状？

假想，需要科学的依据。

他收集了大量古气候、古冰川、古生物学和岩石学等多个学科的数据，从多角度进行了细致的研究。他发现北美洲和欧洲北部的山川遥相呼应，这暗示着北美洲与欧洲曾经"亲密接触"；非洲西部早于20亿年的古老岩石分布区与巴西的古老岩石分布区可以连接起来，且二者的地质构造也十分吻合；两岸还存在一样的化石，例如，中龙是一种生活在远古时期陆地上的小型爬行动物，它的化石既在巴西出现，也在南非出现，它们是如何游过大西洋的？同样，古代冰川的分布也支持了魏格纳的假说。在大量研究的基础上，魏格纳于1912年第一次正式提出大陆漂移学说：地球上所有的大陆在很久以前是连成一体的泛大陆，后来泛大陆发生了裂解、漂移和重组，大陆之间被海洋隔开，最终形成今天的海陆格局。

用生命求证真理的魏格纳

魏格纳在提出大陆漂移学说后，只得到了少数科学家的支持。为了寻找支持大陆漂移学说的证据，魏格纳不止一次地跟随探险队去地处北极的格陵兰岛考察。1930年11月，魏格纳再次深入格陵兰岛考察时不幸遇难，长眠于此，年仅50岁。直到他去世30年后，基于海底地貌、地质、地球物理等获得的新证据，海底扩张学说兴起，板块构造学说创立，"大陆漂移学说"才得到公认。

魏格纳勇于打破常规的科学思维和大胆怀疑、执着追求的科学精神，以及不懈探索、求证真理的求知态度，都是科学史上的一笔财富，是我们学习的榜样。

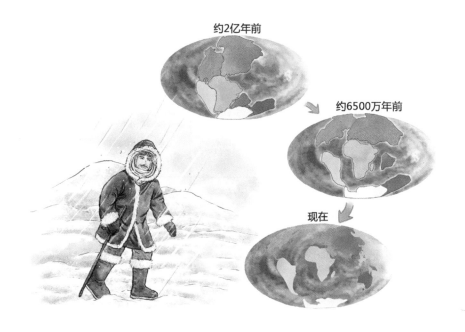

约2亿年前

约6500万年前

现在

那么，是什么样的神奇力量让连在一起的大陆漂散、分开，越离越远了呢？带着这个问题，地质学家又开始了新的研究和探索。

科学家将海底**声呐**探测技术应用到海底地质地貌的勘测中，利用这一技术得到的数据，地质学家们开始绘制海底地形图。人们发现，海底有很多高低起伏的地形，而这些地形最显著的特征就是在大洋的中间，集中出现了一系列高点并形成一条条海底山脉，这些海底山脉被称为大洋中脊。

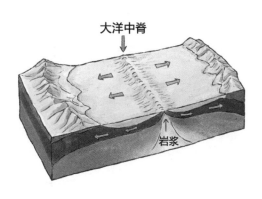

大洋中脊是怎么形成的呢？当时已有的观点认为，大洋中脊是因为地球膨胀、开裂形成的。然而，地质学家哈雷·赫斯和罗伯特·辛克莱·迪茨却主张用"地幔对流"来解释这一现象。因为大洋中脊有大量的火山活动，所以他们认为，大洋中脊是地球内部岩浆对流上升的地方，岩浆冲出地表后冷却并形成玄武岩山脊；而且，随着地幔对流的不断进行，新喷发出的岩浆会形成新的山脊，并将之前的山脊向两边挤推，这也说明大洋在不断扩张。所以说，越往大洋中脊两边，组成洋壳的玄武岩的年龄越老。哈雷·赫斯和罗伯特·辛克莱·迪茨的假说被大量的海洋钻探成果所证实，这就是海底扩张理论。

地幔对流产生的巨大力量也正是大陆漂移的动力之源。这就好比我们家里熬制的小米粥在放凉后表面会形成一层薄薄的"皮"，我们把这层"皮"戳破再次加热，当下面的小米粥开始翻滚后就会形成对流，此时，上面的"皮"就会"漂移"。

海底扩张学说的出现，让大陆漂移学说找到了动力和支撑。在这两大学说的基础上，地球物理学家摩根等人联合提出了板块构造学说。

板块构造学说认为，由岩石组成的地球表面并不是一个整体，而是由若干岩石板块拼合而成，并且板块在不断运动。全球大致可划分为六大板块和若干小板块。六大板块分别是太平洋板块、欧亚板块、非洲板块、美洲板块、印澳板块和南极洲板块。一般来说，板块的内部相对稳定，板块和板块之间的交界处是地壳活动强烈的地带，也是地震和火山的活跃区。我们看到的千姿百态的海陆面貌就是由板块运动形成的。当两个板块逐渐分离时，在分离处即出现新的凹地，进而形成海洋；在大陆内部地幔岩浆上涌的地方，岩石圈会发生裂解，形成裂谷和海洋，东非大裂谷和大西洋就是这样形成的；当两个大陆板块相互碰撞时，常常形成巨大的山脉，"世界屋脊"青藏高原和雄伟的喜马拉雅山脉就是6 500多万年以来印度板块与欧亚大陆碰撞形成的。

地球上的大陆和海洋一直在活动。现在的大陆和海洋还在继续运动，东非大裂谷会变成新的海洋；非洲板块会继续向北运动，与欧亚板块碰撞，两大板块中间的地中海将消亡，直到下一个超级板块形成。

"海陆变迁、沧海桑田"，地球上的板块就这样循环往复地运动，一直在变化发展，永不停息……

地球的皮肤：五颜六色的土壤

"锄禾日当午，汗滴禾下土。谁知盘中餐，粒粒皆辛苦。"唐代诗人李绅这首朗朗上口的《悯农》，估计是大多数人对粮食和 **土壤** 的最早启蒙。从这首古诗中，大家认识了土壤。

万物土中生，土壤与我们的生活息息相关。土壤是种植粮食的基础，春天我们播撒下种子，期待秋天的丰收。土壤承载着我们美好的童年记忆，下雨天或者浇水后的泥巴带来指尖无限乐趣。土壤是动植物的安身之所，蚂蚁、蚯蚓等在土壤中筑巢。土壤还埋藏着说不尽的历史和文化，古墓挖掘、文物探寻让我们得以跨越时空与古人对话。土壤还是一种珍贵的旅游资源，云南土林已经给出了最好的证明。同时，

世界土壤日

每年的 12 月 5 日是世界土壤日。世界土壤日用来彰显土壤作为自然体系中的一个重要的组成部分以及人类福祉的一个主要贡献者所发挥的重要作用。

土壤还能调节水资源，当洪水侵袭时，土壤可以吸收洪水来缓解洪灾；当干旱来袭时，土壤又能够将自身的水分析出，满足农作物生长需求。

那么，土壤是怎么形成的呢？

土壤源于石头。亿万年前，暴露在地表的石头在经历无数次的风吹雨打、河水冲刷后，大石头变成小石头，小石头变成更小的石头，直至最后变成土状。这就是所谓的"绳锯木断、水滴石穿"，因为再坚硬的石头也经不起这样的"折腾"。请注意，这个时候的土并不是现在我们看见的土壤，而是土壤的母质，再过亿万年，母质在气候、生物等作用下，才会形成真正的土壤。

土壤的形成主要受母质、气候、生物、地形和时间五大自然因素的影响。在五大自然成土因素之外，人类生产活动对其造成的影响也不容忽视。正如上面所说的，母质是土壤的物质来源，是构成土壤矿物质、提供植物生长所需养分的物质基础。气候主要是通过温度和降水来影响土壤形成过程中的物理、化学和生物作用。生物也是影响土壤形成的重要因素，比如蚯蚓，蚯蚓在土壤里钻来钻去，改变土壤的结构和孔隙大小，蚯蚓的粪便还能增强土壤的肥沃度。地形的影响同样重要。比如，在陡峭的山坡上，重力作用和**地表径流**的侵蚀力往往会加速疏松的地表物质的迁移，所以这里很难发育成又深又厚的土壤；而在地形平坦

的部位，水流变慢，它的侵蚀力下降，以沉积作用为主，河流带着大量的泥质沉积下来，最终在生物条件下逐渐发育成深厚的土壤。最后是时间，任何因素对土壤形成的影响都与时间有关，其作用程度会随着时间的延长而增强。

我国幅员辽阔，物产丰富，土壤也有五彩斑斓的颜色，有青土、红土、白土、黄土、黑土等。中华五色土，你一定听过！中华五色土是在中华大地上按照东、南、中、西、北五个方位选取的青、红、黄、白、黑五种不同颜色的土壤。北京中山公园内保留着明代所建的社稷坛，社稷坛设有五色土台，铺垫着五种颜色的土壤：东方为青色，南方为红色，西方为白色，北方为黑色，中央为黄色。

那么，土壤的颜色是由什么决定的呢？

土壤的颜色是由土壤里腐殖质含量的多少和矿物质组成的不同决定的！腐殖质的多少主要调节土壤颜色的深浅，腐殖质呈黑色和棕色，黑色的土壤一般是腐殖质含量较高的，这一类土壤肥沃，适合种植农作物。人们根据其颜色特征，形象地称其为

地表径流

地表径流是指未进入土壤沿地表流动的水流。大气降水落到地面后，一部分水流蒸发变成水蒸气返回大气，一部分下渗到土壤成为地下水，其余的水沿着斜坡形成漫流，通过冲沟、溪涧，注入河流，汇入海洋。

"**黑土地**"。矿物质也是调色高手，比如，当土壤中的氧化铁含量高时，土壤发红或者呈棕红色。不过，氧化铁也是善变的，常常在红色、黄色、灰蓝色间"变脸"。当它与水作用时，就会转变为黄色的水化氧化铁，这就是为什么低洼潮湿地方的土是黄色的；当它因通风不良缺乏氧气时，又会变成氧化亚铁，此时土壤就会呈现灰蓝色。

土壤看似随处可见，却是一种近乎不可再生的自然资源。形成一厘米厚的土壤可能需要成百上千年，而它的破坏却可能是一瞬间，可能是一场暴雨，也可能是一次污染。目前，世界范围内的土壤正在面临侵蚀、酸化、污染、盐化和多样性丧失等多种威胁，近年来频繁报道的土壤污染事件更加让我们对这一宝贵资源的安全充满忧虑。"皮之不存、毛将焉附"，土壤的进一步丧失，不仅将严重威胁到粮食安全，更有可能使数百万人陷入饥饿和贫穷，还将加剧对大自然的破坏，摧毁人类共同的

家园。

　　"山水林田湖草沙是一个生命共同体"，土壤作为地球的皮肤，为万物提供了生命，需要我们更多地关注和呵护。

记录地球历史的地质年代表

地球已经存在了大约46亿年。在46亿年漫长的历史长河中，地球经历了无数次的动荡，发生过无数次重要的地质事件，如生命的诞生及生物灭绝、海陆变迁、气候变化、行星撞击、火山爆发等。

这些地质事件只有从时间角度来考虑才有意义，就像研究历史时需要用"朝代"来划分一样。举个简单的例子，地球上经历过五次比较大的生物灭绝事件，多数是火山爆发作用导致的，这就需要知道哪个时间发生的火山喷发导致了哪个时间段的生物大灭绝。如果没有时间限定的话，我们无法了解这些重大地质事件的作用和影响。所以在研究地球演化历史的时候，也需要一个能够反映重大地质事件发生的时间和顺序的地质年代表。

地质年代表，看起来简单，但是制作这张地质年代表可花费了地质学家不少的心血。

从1881年地质年代表的基本划分单元被确定以来，地质年代表就一直处于补充和完善中，到现在已经形成了一套比较完整的地质年代划分系统。在地质年代表中，时间的划分单位为"宙""代""纪""世""期"，大家可以理解为我们生活中的"年""月""日""时""分"。

"宙"是地质年代表中最大的时间单位，从古至今分为冥古宙、太古宙、元古宙和**显生宙**。地质学家又将前三个称为隐生宙，因为那是几乎看不到生命的时代。

"宙"的下一级是"代"，包括始太古代、古太古代、中太古代、新太古代、古元古代、中元古代、新元古代、古生代、中生代和新生代。

"代"的下一级是"纪"，显生宙以来可以分为寒武纪、奥陶纪、志留纪、泥盆纪、石炭纪、二叠纪、三叠纪、侏罗纪、白垩纪、古近纪、新近纪和第四纪。因为电影《侏罗纪

"显生宙"中各纪的奇怪称呼是怎么来的？

这些称呼有的来源于地理名称，比如"寒武""泥盆"与英格兰岛有关，"侏罗"是西欧的一条山系；有的来源于一些原住民的部落名称，比如"奥陶""志留"；有的来源于地层的分层特征，例如"二叠""三叠"，代表地层呈现出二分性、三分性；有的来源于地层中的组成物质，例如"石炭"和"白垩"，石炭纪时期的地层中富含煤炭，白垩纪的地层中富含白垩，白垩是一种极细的粉末状灰质的静海及远海沉积物，又称"白土粉"；有的来源于古今对比的相对称呼，例如"古近纪""新近纪""第四纪"就相当于"前天纪""昨天纪""今天纪"。

公园》，大家应该很熟悉侏罗纪和白垩纪，知道恐龙生活在侏罗纪，且在白垩纪的晚期灭绝了，也就是地球历史上著名的第五次大灭绝事件。也许你还知道寒武纪、石炭纪等，因为寒武纪发生了生命大爆发事件，石炭纪是植物大繁盛的时代。

"纪"的下一级是"世"。按照惯例，一般一个"纪"可分成多个"世"，大多数的"纪"包括早（下）、中、晚（上）三个"世"，如奥陶纪、泥盆纪等；也有部分仅分为两个"世"，如石炭纪、白垩纪；还有部分分为四个世，如寒武纪之下分为"纽芬兰世""第二世""第三世"和"芙蓉世"。

有排序就需要有依据，为什么白垩纪在侏罗纪的上面，而三叠纪在侏罗纪的下面呢？这些"纪"凭什么这样排列呢？这还得从"爱泄密"的石头说起。

地球上有一种岩石，它叫沉积岩，就是在各个地质历史时期都会形成的一种岩石。它就像飞机上的"黑匣子"一样，将地球演化的印迹都记录了下来。丹麦地质学家尼古拉斯·斯坦诺在意大利西部山区工作的时候，应用了一个非常简单的原理。这个原理认为最先沉积形成的石头位于底层，后来沉积形成的石头位于它的上面，越往上，岩层越年轻。换句话说，在没有变形的沉积岩地层中，每一层都要比下一层新，而比上一层老。尽管这个事实在今天听起来非常简单，但是直到1669年斯坦诺才将其推断出

地质年代与生物发展阶段对照表

宙	代	纪	距今时间（百万年）	生物发展阶段	
显生宙	新生代	第四纪	2.58	人类出现：	被子植物时代：
		新近纪	23.03	哺乳动物时代：	
		古近纪	66		
	中生代	白垩纪	~145.0	恐龙时代：	裸子植物时代：
		侏罗纪	201.3±0.2		
		三叠纪	251.902±0.024		
	古生代	晚古生代	二叠纪	298.9±0.15	两栖动物兴起：	蕨类植物：
			石炭纪	358.9±0.4	鱼类时代：	
			泥盆纪	419.2±3.2		
		早古生代	志留纪	443.8±1.5	海生无脊椎动物：	藻类植物繁盛时期：
			奥陶纪	485.4±1.9		
			寒武纪	541.0±1.0	三叶虫：	
元古宙	新元古代	埃迪卡拉纪	~635	动物开始出现：	
		成冰纪	~720		
		拉伸纪	1000		
	中元古代		1600		
	古元古代		2500	细菌、蓝藻时代：	
太古宙			4000	生命形成时期：	
冥古宙			~4600	地球形成	

注：本表中地质年代的划分来源于国际地层委员会2021年发布的《国际年代地层表》。

来，这就是著名的地层层序律。

那么问题来了，对于同一个地区的石头，我们能根据地层层序律判断出哪些石头老、哪些石头新，那么怎么判断不同地方的石头的新老关系呢？地质学家也有办法，这个利器就是化石。

化石是保存在地层中不同地质时期的生物遗体（如动物的骨骼等）和遗迹（如动物的足印、粪便等）。不同时代形成的地层中常含有不同种类的古生物，如寒武纪时期的代表性生物为三叶虫，志留纪时期的代表性生物是笔石，泥盆纪时期则是"鱼类时代"，侏罗纪时期的海洋霸主是鱼龙等，白垩纪时期又属于恐龙时代。因此，地质学家可以利用生物化石估计地层的大致时代，同时进行不同地区地层的对比。

有相对就有绝对，地质年代表中的"距今时间"就是绝对年代，说明了各阶段距离现在的时间，这些超出很多人认知的巨大数字是怎样得出来的呢？

这个问题的答案还是要从石头身上寻找。石头是由很多种化学元素组成的，有些元

最年轻

最古老

素具有放射性，这些元素会按照一定的时间和速度发生变化。随着科学技术的发展和进步，人类研制出了精密仪器，开始进行放射性元素测年工作，测定出的岩石年龄我们就叫作绝对年代。目前，地球上最古老的岩石通过放射性元素测年的方法测定，它已经42.8亿岁了，是在加拿大被发现的。

第二章

地球内部的宝藏有千万种

做成一个地球，需要哪些元素？

中国上古神话传说中有女娲造人的故事。假如有一天我们也拥有神力能够做出一个地球，我们要准备些什么材料呢？

首先，我们要了解地球的元素组成。元素是什么，又是如何产生的呢？这还得从宇宙大爆炸讲起。现在流行的大爆炸理论认为，宇宙是在距今约138亿年前的一次大爆炸后形成的，此后宇宙持续膨胀并冷却，直到演化成今天的状态。宇宙中丰富的化学元素就是在这个过程中形成的。

在宇宙膨胀初期，仅仅存在能量和**夸克**，夸克是组成宇宙中所有物质的"原料"，三个夸克聚在一起形成了质子和中子。宇宙随着膨胀逐渐冷却下来，形成了宇宙中最轻的两种元素——氢和氦。随着温度的降低，大量物质聚集形成星云，进而进化成第

夸克

夸克是构成物质的基本单元，夸克互相结合可形成质子和中子。质子和中子组成了原子核，原子核和电子构成了原子，原子构成分子，分子组成了物质。

一代恒星。作为大爆炸初期形成最早的元素，氢和氦自然就是首批恒星的主要成分。第一代恒星寿命较短，会很快爆炸消亡，这种爆炸会在太空中生成更多重要的元素，这些物质汇聚后就形成了后续各代的恒星，例如大约50亿年前形成的太阳，太阳系进一步演化形成了地球。伴随着恒星演化发生的热核反应，元素周期表上除了人工合成的元素以外的元素应运而生。可见，地球上的元素不是地球独有的，宇宙中充满了地球的组成元素。

元素有了，它们又是如何在地球上分布的呢？让我给大家讲一个小故事。

大约在46亿年前，地球刚刚形成，这个时候的地球不断遭受小型天体的撞击，其中一个叫"忒伊亚"的星体撞击地球后，飞溅出来的物质汇聚形成了月亮。碰撞过程中巨大的动能转化为热

能，所以初生的地球的表面到处是不停翻滚的炙热岩浆，有的科学家称其为"岩浆洋"。再炙热的岩浆也有冷却的那天，只是想让初生的地球这个"超大块头"冷却下来，要经历漫长的时间。

在初生的地球冷却的过程中，受重力影响，密度大的元素（比如铁和镍等）流向地心，形成了一个金属核；密度小的元素形成硅酸盐，停留在浅部，形成了原始地幔。后来，地球进一步冷却，原始地幔浅部开始凝结形成地壳。

我们的地球是由94种天然元素组成的，根据地质学家测算，地球中地幔、地核和地壳的质量大约分别占地球质量的67%、32.57%和0.43%，每个圈层组成的元素也都各不相同。

那我们先从最容易观察的地壳说起。地表发育有很多很多的石头（学名岩石），有些石头可以代表地壳上部；有些石头因为早期受"造山运动"作用，从地球深处被带到地表，所以它们可以反映地壳下部的元素组成情况。地质学家对这些石头进行了大量的样品采集，然后送到实验室进行岩石元素成分的测定；同时借助地球物理的方法辅助测定地壳元素组成。地质学家得出结论，大陆地壳主要由氧、硅、铝、铁、钙、钠、钾、镁8种元素组成，它们占地壳总量的99%以上；大洋地壳的组成相对简单，垂向组成相对单一，借助深海钻探，地质学家发现，大洋地壳主要由"玄武岩"组成，其元素主要为氧、硅、铝、铁、钙、镁、钛、钠、钾等。

　　为了搞清楚地幔的元素组成，地质学家着实下了一番功夫，试图通过多种方法去揭开地幔的神秘面纱。"八卦"地球的隐私，怎么能少了石头！地质学家第一个想到的也是"撬开石头的嘴巴"。他们发现，地幔物质会因板块运动或岩浆活动而露出地表，可以在阿尔卑斯山等山脉中找到一种形成于上地幔的岩石——橄榄岩。橄榄岩就是板块运动与岩浆活动共同造成的。地质学家还模拟了地幔的高温高压环境，去探究地幔中岩浆的起源。搞定了"自家"产的石头，地质学家又瞄准了"天外飞仙"——陨石和月球表面的岩石，通过对比地球之外的星球，了解地幔的演化与组成。地质学家估算，原始地幔中排名靠前的元

素依次为氧、镁、硅、铁、铝、钙、钠。

如果说从地壳到地心的旅途是一场接力赛，现在含量最多、跑在最前面的还是氧元素。氧元素会是地球含量最高的元素吗？剧透一下，地心赛程可是有"黑马"出现的哟。

终于来到地心世界了。通过地球物理方法、陨石元素分析方法等，地质学家得出了地核的元素组成，认为在占地球质量约32.57%的地核中，铁占85.5%，硅占6%，镍占5.2%，硫占1.9%，这4种元素占地核总质量的98.6%。

通过地质学家的进一步综合测算，组成地球的主要元素从多到少依次为铁、氧、硅、镁、钙、铝、钠。是的，这匹"黑马"就是铁元素。哇，原来地球是个铁球啊！

在日常生活中，我们经常可以见到元素之美。晶莹剔透的水晶的成分就是由硅和氧组成的二氧化硅。元素也和我们的健康密不可分，人体缺钙时会经常抽筋，缺碘时会得"大脖子病"。同样的，当我们经常吃富含硒的食物时，我们的身体会更加健康。人类离不开这些化学元素，因为作为地球重要的组成部分，人体和这个星球的组成元素相同，这是多么奇妙的一件事啊！

神奇的矿物

如果一个人出手大方，我们常开玩笑讲这个人"家里有矿"。但如果我告诉你，每个人的家里都有不少"矿"，你一定会说我搞错了吧?!

矿到底是个啥？"我家的矿"和"别人家的矿"是一回事吗?

地质学领域有一个专业名词叫"矿物"。矿物是自然形成的天然固态物，是组成岩石（俗称"石头"）和矿石（一种特殊的石头）的基本单位。

我们的地球由元素组成，元素又组成了不同的矿物，矿物又组成了岩石和矿石。自然界中的矿物分布十分广泛，种类也特别多。截至目前，世界上累计发现的矿物达到了5 000多种。

矿物与我们的生活息息相关，大到探索太空的高性能材料、航空材料，小到我们日常吃的盐、洗漱用到的牙膏、点豆腐用的石膏、防火材料、瓷器、铅笔芯、佩戴的珠宝首饰等，都是由不同的矿物经过技术加工演变而来的，就连人体必需的水在结成冰后也变成了矿物。注意：液态水可不是矿物。

神奇吧？！

到底什么是矿物？为啥液态水不是矿物？物质要成为矿物必须满足以下五个特点：

第一，自然形成的。矿物形成于自然的地球演化过程中，实验室中产生的或者人工合成的物质都不能称为矿物，像人造金刚石、玻璃、各种合金等都不是矿物。

第二，无机物。矿物主要是由常见的无机物组成的。世界上多数物质是无机物，那么剩下的就是有机物了。从元素角度讲，无机物是指不含碳的化合物、所有元素的单质，以及极少数的含碳化合物。

第三，固体。绝大多数矿物是固态的，只有液态汞是个特例，所以液态水不是矿物，但是水凝结成冰后就变成了矿物。

第四，有序的晶体结构。矿物是晶体物质，这就意味着组成它们的粒子必须按照有序的方式排列。

第五，有明确的化学成分，可以适度变化。有明确的化学成分的意思是矿物的成分可以用化学式来表达，比如石英的成分是SiO_2。可以适度变化，是指有些元素可以在不改变晶体结构的情况下替换矿物中的某些元素，例如"钨铁矿"变成"钨锰矿"，这是因为锰占了铁的"巢"，在地质学中这叫"类质同象"。

那么，对照上面的各项条件可知，"别人家里"的煤、石油、天然气这些能源三巨头就不是矿物了，只能算是矿产。矿产泛指一切分布在地表或者埋藏于地下的，具有经济价值的，呈固态、液态、气态的自然资源。哈哈，原来此矿非彼矿啊。

矿物是怎么形成的呢？

矿物虽然没有生命，却是慢慢"长"大的。地下深部含有大量的岩浆和热液（含有各种元素的气态和液态溶液，主要成分

是水），化学元素聚集在岩浆或者热液中，在一定的温度和压力下，会运移、聚集、结晶、生长，进而形成矿物。矿物晶体在自然界中的生长和盐晶体的形成过程类似。

我们如何鉴别常见的矿物呢？

前面讲过，矿物具备有序的晶体结构、明确的化学成分。矿物的化学成分和内部结构的不同，决定了它们具有不同的外部形态和物理性质。所以，我们可以通过矿物的外形及物理性质来鉴定矿物。

矿物的形态多种多样，但归纳起来可分为三大类：①一向延展型矿物，此类矿物常呈柱子状或绣花针状，如石英、辉锑矿、角闪石等；②二向延展型矿物，此类矿物常呈雪片状或者地板状，如云母、长石等；③三向等长型矿物，矿物常呈颗粒状、立方体状等，如黄铁矿、石榴子石等。所以，我们可以通过观察矿物的形态来鉴定矿物。

此外，矿物还有很多物理性质，通过这些物理性质，也可以有效区分矿物，如光学性质。矿物的光学性质包括颜色、条痕、光泽和透明度等。下面重点说一下矿物的颜色。

矿物的颜色是鉴定矿物的重要方法之一。常见矿物中，石英一般无色，钾长石一般呈肉红色，斜长石一般呈灰白色，黑云母、角闪石、辉石一般呈黑色，橄榄石一般呈橄榄绿色，这是常见的7种组成岩石的矿物所呈现的颜色。常见的还有金属矿物，像黄铁矿、黄铜矿等。黄铁矿一般呈浅铜黄色，而黄铜矿呈深铜黄色，通过矿物颜色，我们就能将两者区分开。

鉴定矿物不能只看形态、颜色，还要看其力学性质。矿

物的力学性质包括解理、断口、硬度和密度等。我们主要了解一下硬度和密度，硬度是指矿物抵抗外来的刻、划、挤压或者研磨等机械作用的能力。矿物学中，应用最为广泛的判断矿物硬度的工具就是**摩氏硬度计**。矿物的密度就是矿物单位体积的质量，矿物的相对密度一般是指矿物的密度与水的密度之比，相对密度越大的矿物"掂"起来越沉。在两种矿物外观相似的情况下，这是鉴定矿物的重要特征，比如，黄铁矿和自然金都是黄色，不易区分，我们就可以"掂一掂"，相同体积的金会比黄铁矿沉一些。

当然，还有一些矿物的特殊性质也可以用于鉴定矿物，如自

什么是摩氏硬度计？

摩氏硬度计把矿物硬度分成10个等级，它是矿物学家摩斯在1812年提出来的。它以10种标准矿物为标准，分别是滑石、石膏、方解石、萤石、磷灰石、长石、石英、黄玉、刚玉、金刚石，其对应的硬度分别为1~10。

我们可以借助指甲、铜币、小刀等来刻、划矿物，粗略估计其硬度。比如某种矿物，我们用指甲刻不动，却能用铜币刻动，那么该矿物的硬度应该在2.5~3.5，因为指甲的硬度是2.5，铜币的硬度是3.5。

然铜，它具有非常好的导电性；再比如磁铁矿，它具有非常好的磁性，这些都能用来进行矿物鉴定。

这些常见的矿物鉴定方法，你们学会了吗？

我们身边的石头从哪儿来?

我们身边的石头,有圆形的,有方形的;有灰突突的,还有五光十色的;有一敲就碎的,也有非常坚硬的。这些各式各样的石头是怎么来到我们身边的呢?

石头,学名为岩石,是天然形成的、由固体矿物或者岩石碎屑组成的集合体。按照形成原因,地球上的岩石可分为岩浆岩、沉积岩和变质岩三大类,它们之间相互转化,由此构成岩石循环往复的一生。

先说说岩浆岩,顾名思义,它是地下深部的岩浆冷却、凝固后形成的石头。在地下深部,由于岩浆比周围的岩石轻(岩浆的密度较周围的岩石密度小),加上地球深部的压力非常大,所以岩浆会沿着岩石圈的缝隙向地表涌动。当炽热的岩浆冲出地表时,就形成了火山爆发。当然,并非所有的岩浆都能冲出地表,大多数岩浆在抵达地表前就"没劲"了,失去了流动性,便在地下深处冷却、凝固,形成岩石,我们把它们称为侵入岩;那些冲

喷出岩

侵入岩　　岩浆

出地表的岩浆冷却、凝固后形成的岩石叫喷出岩，也叫火山岩。

那么，在哪儿能看到这些喷出岩和侵入岩呢？我国长白山天池和黑龙江五大连池就有不少喷出岩，仔细观察，我们会发现这些岩石的表面都有很多的孔洞，这是岩浆固结时其中的气泡逃逸后留下的。由此可见，气孔是喷出岩的一个重要特征。

那在地下形成的侵入岩，我们能看到吗？当然看得到！不但能看到，而且它们还变成了巍峨雄壮的大山，例如安徽的黄山、陕西的华山，它们是由一种常见的侵入岩——花岗岩构成的。地壳经历构造运动，我们也可以称其为造山运动，原本藏在地下的花岗岩就会被抬升到地表，当上面的石头被风化和剥蚀掉，它就会展现在我们的眼前，形成了巍峨的高山。

　　裸露在地表的岩石虽然坚固，但在经历长时间的风吹日晒、雨水冲刷、生物破坏等作用后，也会变成碎屑或变成可以溶解在水里的物质，之后被大自然中的风、河流等搬运到容易沉积的地方，一层一层堆积起来。埋在深处的沉积物固结在一起便形成了沉积岩。所以说，沉积岩一般是层层分明的，就像千层饼一样。沉积岩在地表分布十分广泛，约占地球总面积的70%。

风化作用

松散堆积物

部分残留在原地

部分搬运到地势低洼的地方

沉积岩

常见的沉积岩有砂岩、泥岩、砾岩等。砂岩的主要成分是沙子，泥岩的主要成分是黏土，砾岩的主要成分是砾石。这些沉积岩能形

成不同的地质奇景，如壮美瑰丽、鬼斧神工的丹霞地貌。**丹霞地貌**那艳丽的红色，是石头中富含的铁被氧化的结果，这和铁锅生锈会变红一个道理。丹霞地貌在全球都有分布，但以我国广东的丹霞山而命名。

常见的沉积岩还有石灰岩，它的成分主要是碳酸钙。绝大多数的石灰岩都是由海洋生物分泌的生物化学沉积物组成的，其余的由海水中沉淀的化学沉积物构成。石灰岩能形成神奇的喀斯特地貌，我国有很多壮美的喀斯特地貌景观，如桂林山水、四川天泉洞等。

关于喀斯特地貌的形成，有一个

丹霞地貌的由来

冯景兰先生是我国著名的地质学家。20世纪20年代，他去广东韶关进行地质考察，发现一座由红色石头组成的大山，山里有多样的山峰、奇石、石洞、石桥等。冯景兰先生被这种地质景观震撼，将这种地貌命名为丹霞层。后来，陈国达先生将这种地貌命名为丹霞地貌。

动人的故事。数亿年前，喀斯特地貌所在的地区曾是一片汪洋大海，很多海洋生物在此繁衍生息，当生命逝去，它们的骨骼会沉落、

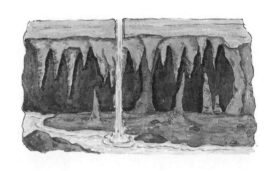

堆积在海底，和海洋中的碳酸盐物质胶合在一起，逐层沉积，形成巨厚的石灰岩。沧海桑田，因为板块运动，曾经的大海变成陆地，石灰岩得以露出地表。在大量二氧化碳和流水的作用下，石灰岩中的碳酸钙变成了可溶于水的碳酸氢钙，就这样，一个个的溶洞逐渐形成。当水中的碳酸钙逐步富集，它又会从水中沉淀析出，恢复本初的结构，形成了钟乳石。

变质岩，顾名思义，是变质了的石头。提到"变质"这个词，你是不是想起了变质发霉的、表面长了毛的馒头？我们日常生活中食物的变质大多是微生物作用下的腐烂变质。和食物的变质类似，石头也会变质，只不过石头变质的因素不是微生物，而是高温、压力和地下的各种流体（主要成分是水）。注意，这里所说的高温还不足以把岩石熔化，这也是变质岩与岩浆岩的主要区别。高温怎样让石头变质呢？石头受到高温作用的时候，组成矿物的原子、分子或者离子的活动性会增强，比如一些火山灰，它受热后会结晶变成可见的矿物。再说说压力，很多人都有在水

里游泳的经历，如果下潜的深度过大，我们就会产生强烈的压迫感，这是水压的作用。如果石头也遭受了巨大的压力，那么组成矿物的各种原子、分子之间的距离就会被压缩，矿物会被压扁，再被进一步挤压，原有的矿物会形成新的矿物。最后说流体，通俗地说，流体就是富含各种化学元素的热液，当石头和热液接触时，石头就容易发生化学反应，这会导致石头变质。所以变质岩一般发育在板块碰撞的高压地带、地壳深部（因为地壳深部足够热）等地带。

所以，变质岩在地表出露很少，不足地球总面积的1%。

常见的变质岩有板岩、千枚岩、片岩、片麻岩、大理岩等。变质岩用途也十分广泛，文人墨客使用的砚台多是由板岩、千枚岩制成的。板岩、千枚岩由泥岩变质而来，而千枚岩又会变质成片岩和片麻岩。你去过泰山吗？雄壮的泰山就是由片麻岩构成的。当年，唐代著名诗人、"诗圣"杜甫在登泰山后写下了流传千古的诗歌《望岳》，用来形容泰山高大巍峨的气势和神奇秀丽的景色。自古以来，国人一直把泰山比作灵山，将"泰山石"称为灵石，所以在民俗中，凡是住宅的门对着桥梁、港口、道路

望 岳

[唐]杜甫

岱宗夫如何？齐鲁青未了。
造化钟神秀，阴阳割昏晓。
荡胸生曾云，决眦入归鸟。
会当凌绝顶，一览众山小。

等要冲的，就要在墙外立上一块小石碑，刻上"泰山石敢当"几个字，用来辟邪。"泰山石"还有"国泰民安、稳如泰山"的寓意，常用于各种大型建筑，我们的人民大会堂和人民英雄纪念碑都是用泰山石奠基的。

岩浆岩、沉积岩、变质岩三大类石头虽然是在不同的条件和环境下形成的，却可以相互转化。比如，岩浆岩经过风化剥蚀后，形成碎块，被河流带走后堆积下来可以固结形成沉积岩；沉积岩经过高温、高压或者流体的变质作用又能够变成变质岩；变质岩因板块运动被卷入地球内部，伴随着温度升高，岩石熔融后又能够形成岩浆岩。三种岩石相互转化，奥妙无穷。

我们身边的岩石，无论是哪一种，都会因为风化而被侵蚀，破碎成沉积物，或者因为板块运动而被卷入地球内部，再次变成岩浆，开始新的一生……

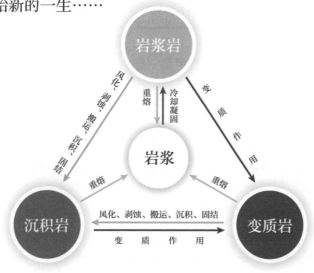

璀璨靓丽的珠宝库

在目前发现的5 000多种矿物中，常见的矿物仅有100多种，其他矿物十分稀少。俗话说"物以稀为贵"，这些稀有矿物，以及包含这些稀有矿物的岩石也就变得珍贵起来，被赋予更多远超于物质本身的象征意义，成为人类的珠宝库，向我们提供了金、银等贵金属和各种晶莹闪亮的宝石。它们是如何诞生的呢？

先说说"金银"。金、银、铂族金属都属于贵金属。**黄金**是

巧分黄金和"愚人金"

黄金是由金元素组成的矿物，"愚人金"是黄铁矿，它们都呈黄色，所以非常容易混淆。区分两者其实很容易，通过硬度就能够很好地区分。黄金的摩氏硬度是2.5～3，黄铁矿的摩氏硬度是6～6.5，所以小刀可以划动黄金而划不动黄铁矿。同时黄金具有非常好的延展性，而黄铁矿却不具备。

三个妙招，教你巧辨黄金和"愚人金"：掂一下，黄金更坠手；比硬度，黄金硬度低；比延展性，黄金有很好的延展性，黄铁矿没有。

一种金黄色的金属，质地较软，可加工成多种样式，如戒指、项链等。铂金又叫白金，比黄金硬，一直被认为是最高贵的金属之一。由于我们经常和黄金打交道，所以咱们重点聊一聊黄金。

黄金是人类较早发现和利用的金属。由于它稀少、特殊和珍贵，故有"金属之王"的称号。黄金是从哪里来的呢？

黄金主要以岩金和沙金两种形态存在。在特定的地质条件下，地下会存在富含金元素的热液，由于地下深处的温度和压力比较大，这些热液会沿着石头的缝隙移动。在移动过程中，伴随着温度和压力的下降，这些热液会填充在石头的缝隙中，同时和周围的石头发生化学反应。就这样，金元素不断聚集，当聚集到一定程度时，含金的岩石就成了金矿石，人类将这些金矿石采集出来，提炼出金并加以利用，这便是"岩金"。当"岩金"被雨水、河水冲刷后，金就会从金矿石中分离出来，在水中形成沙金，以叶片、粒状或金块的形式出现。自然形成的金块，因形似狗头状，所以也被俗称为"狗头金"。

我国的金矿主要分布在山东、河南、陕西、甘肃、云南、贵州、河北等省份。山东是产金大省，就资源储量而言，胶东半岛的金矿集中了全国1/4的黄金资源储量，是全国最大的黄金生产基地。

除了金银饰品，**宝玉石**也深受人们的喜爱。

那么，什么是宝玉石呢？其实宝玉石指的是宝石和玉石。简而言之，宝石就是特别漂亮、经久耐用、非常稀少的矿物，玉石就是特别漂亮、经久耐用、非常稀少的石头。一个是矿物，一个是石头，这是它们最本质的区别。我们通常用"克拉"作为衡量宝玉石重量的单位，1克拉等于0.2克。

宝玉石一般有以下五个特征。

鲜艳的色泽。比如红宝石、蓝宝石、祖母绿、紫水晶等，这些宝石都有绚丽的颜色；再比如玉石，我国的四大名玉，和田玉、独山玉、蓝田玉和岫岩玉，它们同样颜色各异，抛光后给人以细腻、温柔之感，令人赏心悦目。

高折射率。猫眼石因其具有漂亮的"猫眼效应"而得名，形成"猫眼效应"的原因之一就是猫眼石的折射率很高。

晶莹剔透。以金刚石为例，晶莹剔透的金刚石可以用来雕刻成名贵的钻石，而透明度差的金刚石只能用作工业原料。

硬度高。宝玉石需要有很高的硬度，比如金刚石，它能成为最昂贵的宝玉石的原因之一就是坚硬无比、无坚不摧。同样都是玉石，岫岩玉的质地较软，所以其价值较其他玉石就逊色一筹。

稀少。物以稀为贵。以祖母绿为例，它价值连城，上等质量的祖母绿每克拉价值上万美元；而同样晶莹剔透、硬度高的紫水晶却因为产量众多而沦为低档宝石。

我们在商场里见到的宝玉石都是原石经过切割抛光后的，原石就是未经加工的天然矿石。在人类的各种加工工艺下，宝玉石能充分展现其靓丽的色泽和晶莹度。

看到这里，我们不禁感叹：作为原料，地球上的各类矿物和岩石不仅仅保障了我们生活的正常运转，还是人类珍贵的珠宝库，为人类带来了各种璀璨绚丽的美。

生产生活的加油站

地球除了蕴含丰富的"金银珠宝"外，还有对人类社会发展有着重大影响的能源资源，它们的代表是煤、石油和天然气。没有它们，我们今天的现代化生产、生活将无法运行。

咏煤炭

[明]于谦

凿开混沌得乌金，
藏蓄阳和意最深。
爝火燃回春浩浩，
洪炉照破夜沉沉。
鼎彝元赖生成力，
铁石犹存死后心。
但愿苍生俱饱暖，
不辞辛苦出山林。

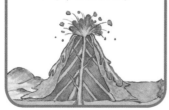

煤炭——工业的粮食

煤炭是我们人类生产生活中重要的燃料。虽然人类利用煤炭的历史非常悠久，但是煤炭被大规模利用是在第一次工业革命以后。自从蒸汽机出现后，煤炭开始演绎它的传奇，为各种机械正常运转提供充足的动力，成为人类发展的助推器。除作燃料能源外，它还是农药、化肥等众多化工产业的原料，有

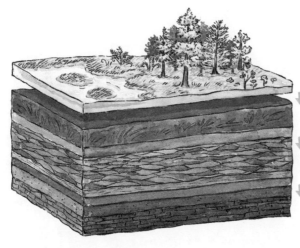

死去的植物倒入沼泽，被泥沙掩埋，变成泥炭

在沉积物的压力和地热的作用下，泥炭形成褐煤

压力和地热继续作用，褐煤沉降，形成烟煤、无烟煤

"化工原料之母"的美誉。

那么，煤炭是如何形成的呢？听我给大家讲一个动人的故事。

亿万年前，地球上的很多地方气候温暖、湿润，湖泊、沼泽众多，高大的树木和其他较小的绿色植物形成了大片的森林，它们生活在湖泊沼泽中。这时地球上还没有人类，这些植物死亡后就倒在沼泽之中。由于沼泽中的氧气很少，水底成了厌氧微生物的天堂。在这些微生物的作用下，死亡的植物和水中浮游动物的遗体慢慢腐烂，在沼泽底部形成一层层含有大量泥炭的淤泥。伴随着地壳的升降活动，淤泥上又覆盖了很多沉积物，这些含碳量很高的淤泥被压实、固结脱水，加上地热作用，转变成了褐煤。褐煤形成之后，在地热和压力的持续作用下，伴随着时间的推移，发生变质作用，逐步形成烟煤、无烟煤，这个过程中的炭化程度越来越高。

石油——工业的血液

人类利用石油的历史同样十分悠久，但是石油却在第二次工业革命后才真正登上历史舞台的。"你方唱罢我登场，各领风骚数百年"，在人类大规模利用煤炭约100年后，科学技术再一次实现跨越式发展，以汽油为原料的内燃机问世，内燃机的发明推动了石油工业的极大发展。

石油在工业生产中肩负着像人类血液一样重要的使命，是不可或缺的能源，故有"石油是工业的血液"这一说法。天上的飞机、地上的汽车，没有石油几乎都不能运转。石油还是重要的化工原料。将石油产品进行加工，能够制作出重要的合成原料，如橡胶、皮革、润滑剂等。直到现在，石油对于任何一个国家来说都是生命线，它对一个国家的经济、政治、军事和人民生活等影响很大。

那么，石油是怎么形成的呢？

关于油气的成因，目前的主流理论是生物成油理论。该理论认为，亿万年前，地球上已经有了复杂的生物，这些生物死亡后，尸体沉到海底或者湖底，形成了沉积层。随着时间的推移，这些沉积层上面又有很多层新的沉积物，就这样经过数百万年，动植物中的有机物质在特定温度、压力和微生物的作用下，转化成碳氢化合物，最终形成了石油和天然气。

那么，只要有生物死亡埋藏沉积就会形成石油吗？答案是否定的。石油的形成对于环境有严格的要求，必须有一定的温度和压力；同时，要形成能供人类开采所用的油田，还需要地下有特定的地层结构来储存石油。此外，剧烈的构造运动也会影响石油的富集，毕竟它很容易就会被挤压，遇到岩浆或者溢出地表后逃逸。

天然气——不普通的气体

天然气通常指产生于油田、煤田和沼泽地带的天然气体，主要成分是甲烷等，是埋藏在地下的古代生物经高温、高压等作用形成的。

天然气能满足我们的日常生活需求，很多家庭都用天然气做饭、烧水。比起石油和煤炭，天然气是更加清洁、高效的能源。说它是清洁能源，是因为天然气的主要成分是甲烷，燃烧后产生二氧化碳和水；而石油、煤炭含有很多杂质，燃烧后会形成粉尘和二氧化硫等，对环境有很大的污染。说它是高效能源，是因为它的发热量高，同样是用于发电，天然气发电比燃煤发电的能源利用率高出14%。

目前，煤、石油和天然气仍然是我们人类利用的主要能源，而且它们是不可再生资源，所以我们要节约利用这些宝贵的能源资源，为我们的子孙后代造福。

深海藏宝藏

"世界这么大，我想到处去看看"，很多人都有过这样的憧憬。海洋那么大，你想去看看吗？海洋中有深不见底的峡谷，有雄伟高大的海山，有各种各样的鱼，还有数不尽的矿产……那就跟着我潜入大海寻宝吧！

滨海砂矿

我们先来到海边，在潮汐和波浪交替冲刷的海滨地带，有不少矿产资源，我们称它们为滨海砂矿。大家知道，陆地上会形成各式各样的矿床。暴露在地表的矿石经过长期的风吹雨打、河流冲刷，就会变成碎屑或者可溶物，随着河流一起旅行，汇入大海；同时，大浪淘沙，海边风大浪急，海浪不停拍打海岸，海岸带上含矿的石头也会崩塌破碎，这些含矿的碎屑都是滨海砂矿的物质来源。在波浪、洋流的反复冲刷下，这些碎屑变成了圆度很高的大小不等的颗粒，沉淀富集成滨海砂矿。我们国家的滨海砂矿主要分布在广东及海南岛沿岸，其次是台湾、福建及山东半岛和辽东半岛等地，而且具有规模大、易开采等特点。滨海砂矿在工业、国防和高新科技领域中都有很高的应用价值，常用的半导体材料——硅，就提取自石英，而滨海砂矿中含量最多的就数石英了。

大陆架和大陆坡

大陆架：大陆架是陆地向海洋的延伸，它的坡度非常小，上面的海水深度也不深，一般不会超过200米。

大陆坡：大陆坡在大陆架的外侧，靠近深海的地方，它的坡度陡然增加，上面的海水深度从200米到2 000米不等。

接下来，我们要离开海滨，向大陆架进发了。大陆架再往下就是大陆坡了，**大陆架和大陆坡**一起被称为"大陆边缘"。

大陆架有很丰富的矿产资源，比如石油、天然气、煤、可燃冰等，还有铁、铝、锰等金属矿产及硫、磷等非金属矿产。

可燃冰

先说说可燃冰，它是一种主要由甲烷与水分子组成的冰状固体物质，学名是天然气水合物，因酷似冰又能燃烧而被形象地称

为"可燃冰"。通常情况下，甲烷呈气态，水呈液态，要想让甲烷和水结合在一起并形成固态状物质需要两个条件，即低温和高压。海洋深处就是低温、高压的环境，所以海洋中可燃冰储量很大。甲烷燃烧后没有什么污染，是清洁能源，所以美国、日本等国都在全力研究和开发可燃冰。2017年，我国在南海首次利用"蓝鲸1号"平台进行可燃冰试采并取得成功，60天产气30多万立方米，创造了产气时长和总量的世界纪录，标志着我国可燃冰试采技术进入世界先进行列。

各种金属矿产和非金属矿产

上面说过，河流挟带着大量泥沙等物质进入大海，这些河水里含有金属元素和大量的氧化物胶体（胶状物质），这些物质进入大海后会和海水中的物质发生化学反应，凝聚、富集成金属矿产。还有一些矿产，它的形成和生物有重要关系，例如**鸟粪磷矿**、海底磷矿。海洋中有大量生

鸟粪磷矿

在一些热带岛屿上，生存着大量的海鸟。经过漫长的地质作用，沉积下来的厚厚的鸟粪发生化学变化，形成了磷矿。我国的南海诸岛，特别是西沙群岛盛产鸟粪磷矿。

物，它们死亡后，遗体会沉入海底，在微生物的作用下会向海洋中释放大量的磷。在较深的海中，磷的溶解度会降低，这样磷就会析出并沉积到海底形成海底磷矿。

大陆坡的矿产资源相对较少，让我们跨过大陆坡，进入深海。深海中有大量的锰结核、富钴结壳等，还有各种从地下喷出的不同温度的海底热液矿，俗称"黑烟囱""白烟囱"等。

滨海砂矿

可燃冰

石油开采

锰结核

锰结核和富钴结壳

锰结核是深海沉积的产物，主要是由铁锰氧化物和氢氧化物组成的黑色"球状"沉积团块，在水深4 500～5 500米的海底平原上富集较多且质量较好。锰结核又被称为多金属结核，它含有锰、铁、镍、钴、铜等几十种元素。

富钴结壳是富含钴的壳状铁锰氧化物或氢氧化物，多储藏在400～4 000米深的海底岩石或岩屑表面，结壳一般厚1～10厘米，

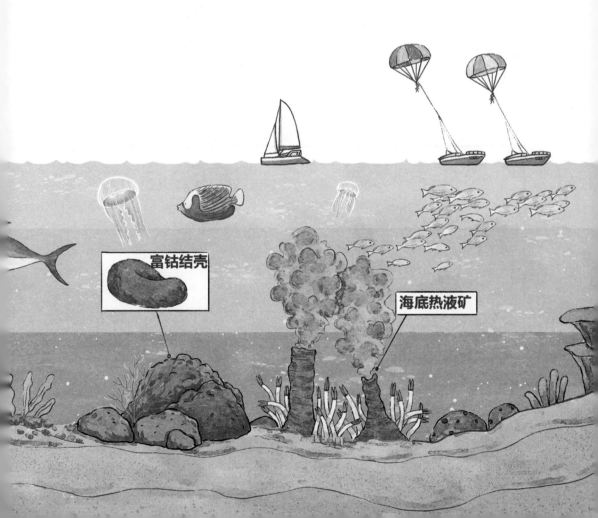

富钴结壳

海底热液矿

最厚可达24厘米。富钴结壳所含金属用于钢材可增加硬度、强度和抗蚀性等特殊性能。目前，这些结核、结壳的成因仍存在争议，等待大家去进一步探索。

随着科技的进步，人类已经可以乘坐深潜器进入深海，发现海洋深处还有很多"喷泉"，有些呈黑色，有些呈白色，科学家形象地称它们为"黑烟囱""白烟囱"。黑烟囱喷出的热液中含有大量的硫、铁、铜、铅、锌等元素，热液喷出后会形成大量的金属硫化物，这些成矿作用目前仍然在海洋中发生。更神奇的是，"黑烟囱"的周围有大量前所未见的**热液生物**生存。对这些生物群的生存和繁衍的研究，也已经成为科学家们的重要课题。一些科学家认为：地球上的生命可能起源于深海"黑

热液生物——生长在海底"黑烟囱"周围的奇异生物

虽然海底"黑烟囱"附近水温达300 ℃以上，压力也非常大，但其周围却生长有许多奇特的蠕虫、贝类等生物群体，这些生物被称为热液生物。热液生物是与化能自养菌共生，利用硫化物和其他还原物通过化学合成作用进行初级生产，制造有机物的海洋生物群落。

想了解更多深海秘密，请阅读同系列科普图书《潜入万米深海》。

烟囱"。

虽然人类已经发现了海洋深处很多的秘密，但是仍有太多未知的世界需要我们去探索。

第三章

解开地球奥秘的深地探测

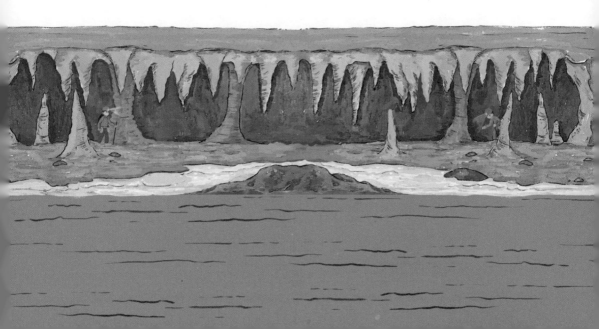

关于地心世界的奇思妙想

上天、入地、下海是人类的三大梦想。

很多小朋友可能都知道儒勒·凡尔纳，他是19世纪法国著名的小说家，被誉为"科幻小说之父"，他的代表作很多，有《海底两万里》《气球上的五星期》《八十天环游地球》等。

但从现在的科学成就来看，入地是最艰难的。已经有将近500人到过地面100千米以上；全球海洋最深处，马里亚纳海沟，有过几十个到此一游的参观者；而地心，对于全人类而言，至今都还是一个谜。

在凡尔纳的众多作品中，有一部走进地心的作品叫《地心游记》。这本书讲述了一个神奇有趣的故事。一天，里登布洛克教授在一本古老的书籍中偶然间发现了一张羊皮纸，羊皮纸上说有人曾经到地下去旅行过。看到这个信息，他心潮澎湃，于是他和侄子阿克塞尔来到了羊皮纸上所写的地方——冰岛的一座火山，并在当地聘请了向导汉斯，他们一起从这座火山的火山口进入地下，开始了他们惊心动魄的地心探险之旅。他们一路上克服了缺水、迷路等种种磨难，同时也见到了食人鱼，见到了像恐龙一样的动物，甚至还见到了野人。最终他们凭借坚强的意志和自身的智慧，在一次火山喷发中回到地面。

凡尔纳用手中的笔表达着人类对地下未知世界的向往。受到凡尔纳巨著的影响，很多地心探险的影片相继上映，如《地心历险记》《地心浩劫》等。

2003年，科幻影片《地心浩劫》上映。影片中的主人公、地球物理学家乔什·凯斯博士无意中发现了一场来自地核的、可能导致人类灭亡的大灾难。为了拯救地球和人类，凯斯博士一行6人冒着生命危险，驾驶地下飞船深入地核，开始了一次惊险之旅……

巧合的是，在《地心浩劫》热映之际，有媒体报道，美国加州理工学院教授戴维·史蒂文斯正在筹划一项耗资100亿美元的计划——向地心发射一个探测器。

史蒂文斯教授的想法十分大胆，他提出可以利用巨量的炸药在地表炸出一个足够深的裂缝，将数万吨的铁水灌入这个大裂缝中，由于铁水的密度比岩石的密度大，铁水会在重力作用下一直流向地球深部，直达地下3 000千米的地方。铁水中会携带一个小的探测器，探测器中安装有测量温度、电导率和周围介质成分的仪器，由此来探测地下岩石的温度、导电性、成分等，而后将测量数据传输给地面的研究者来研究。

　　当然，很多人对此提出了疑问：想在地球上炸出来一个足够深的缝隙，那需要制造一个巨大的核爆炸，地球上哪个地区能够承受这样的代价？同时，如此巨大的爆炸会诱发强烈的地震等地质灾害，这对人类来讲无疑是巨大灾难。还有科学家质疑，如此巨量的铁水要想到达地核外部，至少需要上千年的时间。还有学者质疑，人类目前是无法接收到深入地下3 000千米的探测器传回的数据和信息的。

可见，目前人类造访地心世界仍然是一件十分困难的事。科学家推测，地心是由镍铁组成的固态块体，温度可高达6 000 ℃，这相当于太阳表面的温度；地心的压力也非常大，可能是地表压力的350万倍。

　　人类的设想有待科技的进一步发展来实现，相信有朝一日，地幔、地核的奥秘将展现在我们面前。

　　关于地心世界，每个人都有自己的奇思妙想。小朋友们，你们认为地心世界是什么样子的呢？

人类为什么要进行深地探测？

人类和地球的关系十分紧密。地球孕育了人类，并为人类的生存与发展提供了各种资源，所以我们称她为"地球母亲"。

人类的生存和发展依赖地球，当地球母亲温和的时候，她为我们提供一切生存发展所需；可当地球母亲"发怒"时，她又会无情地夺走我们的生命。虽然科技让我们实现了"飞天""下海"，但我们对地球母亲的认识还是非常的肤浅，还停留在表面。深入全面地了解地球，一窥地球的全貌，是我们不断向地球深处进军的主要原因。

第一，地球内部有太多未解之谜。地球已经存在了大约46亿年，在这46亿年漫长的时光中，发生了太多不为人知的事情，比如地球上的生命到底是怎样形成的，地球的气候在这46亿年中

到底是怎样变化的，板块运动的动力到底是什么，地球历史上的五次大灭绝事件的真相到底是什么……问题太多了，而地球的深处，就像记录了这一切的年轮，我们只有获取年轮的信息，才能读懂这部深地大书。

第二，我们想知道地球深部还有没有资源（包括能源资源）。人类的长远生存与发展，依赖各种资源。没有汽油，大多数汽车不能正常行驶；没有天然气，我们做饭

都很困难；没有铁矿，就无法制造钢铁；没有铜矿，也无法制作电线、电缆……总之，没有资源，人类就无法正常地开展生产生活。地球上的资源种类丰富，但目前可供人类开发利用的只有一部分，并且很多资源都是不可再生的。现有的人类发展过程已经消耗了不少资源，地球浅部的资源有些已经快被用完了，我们需要更多的资源来加以利用，所以我们将目光放到了地球深部，要向地球深部要资源。

第三，自然灾害的预警和防治。地球母亲发怒时，会发生地震、火山、海啸等地质灾害，人类深受其害。2022年，**汤加火山地质灾害**影响了多个国家。这些自然灾害究竟是怎么形成的？答案就藏在地球深部。人类需要对地球内部进行探测，看看

汤加火山地质灾害大揭秘

2022年1月，南太平洋岛国汤加的洪阿哈阿帕伊岛发生大规模火山喷发，大量火山灰混着气体在太平洋上空升腾，汤加全境空气质量受严重影响，火山爆发引发的海啸也影响多个国家。汤加火山造成了巨大的灾难，那么汤加火山爆发的原因是什么呢？

汤加及周边的岛屿是火山岛，是太平洋板块和印度洋板块俯冲碰撞形成的。近期，由于太平洋板块向印度洋板块的持续俯冲，大量洋底的沉积物和海水被带入地下深部，地球深部岩石熔点降低形成岩浆，岩浆冲出地表，导致汤加火山爆发。

各类地质灾害形成的原因，以寻找自然灾害预警和防治的办法，让我们人类更好地繁衍生息。

第四，开拓地下空间，满足未来城市发展需要。目前，很多城市都产生了大城市病的问题，城市里高楼林立、人口众多，非常拥挤。地下空间开发是破解大城市病的有效手段，我们可以利用城市地下0～200米的空间建设地下商场、地下车库等，充分利用地下的空间资源。以雄安新区为例，雄安新区是我国下大力气打造的未来新兴城市。在城市建设前，中国地质调查局就开展了对雄安新区地下土壤和岩石等的钻探研究，看看地下哪些地方的岩层稳定，哪些地方有断层等。在岩层性质稳定的区域，可以进行地下空间开发利用；在岩层不稳定、有断层活动的区域，应尽量避免进行地下城市建设。

第五，解决人类饮水问题。地球上有的地方气候湿润、降水充沛，这些地方就不缺水；但有的地方气候干燥、降水少，这些地方就比较缺水。水是万物之源，没有水，我们无法生存。寻找地下水，满足人类生存的基本需要也是探测地球深部的重要原因之一。所以，我们需要在缺水的地方进行深部探测，寻找地下水资源。

给地球做"CT"：地球物理方法

当我们身体的某个部位不舒服，医生又无法直接观察时，往往会通过做CT或者B超检查来判断病情。CT检查就是用X射线扫描人体的某个部位，进而了解人体内部的器官是否有病变。

和人体一样，地球也是一个我们无法通过肉眼看透的物体，如果我们能发明一种仪器，能像给人检查身体的CT仪器那样，简单一照，就能把地球看个透，看看地球内部哪里有矿产资源，不

用再翻山越岭、一寸一寸地勘探，那该多好啊！

那有没有可以给地球做"CT"的办法呢？

类似医学CT技术的原理与思路，地质学家建立了一系列地球物理探测方法。地球物理探测方法，顾名思义，就是利用物理学的原理来研究地球，通过利用地球内部结构的不同物理属性来研究其内部构造，使用仪器设备给地球做"CT"，让地球变得"透明"。

地球物理探测方法是指针对地球内部在密度、磁性、地震波传播速度及导电性等方面的差异，分别对应重力勘探、磁法勘探、地震勘探及电法勘探等常用的地球物理探测方法。

这些物理属性是怎么跟地球深部结构对应起来的呢？为什么借助它们就能实现给地球做"CT"呢？

联系地球深部地质结构与物理属性的纽带是岩石物理性质。我们知道，地球是由各种各样的岩石以及包含在岩石中的流体组成的。每一种岩石，包括每种岩石在特定的温度、压力条件下都有其对应的物理属性参数，就像水在常温下是流动的液体，但在0 ℃以下就会变成固态的冰块一样，这些物理属性参数就是地球物理方法用于区分不同物质的基础。当然，这些物理属性并不是一一对应的，同样的物理属性可能代表不同的岩石以及不同状态下的不同岩石，这就是地球物理探测多解性的根源，因此需要结合多种地球物理探测方法进行判断，多数时候还需结合地质以及地球化学资料来进行判断。

　　下面我们主要介绍地球物理方法中常被用到的地震勘探技术。地震从哪儿来呢？地质学家会利用炸药爆破或用其他可控震源（如可控震源车）等人工方法引起地壳震动，地壳震动引起的地震波在地下不同岩层传播时会发生反射、折射和透射，这些信号回到地面后被地震检波器收集，并被传送到移动实验室的分析仪器中。仪器在接收到这些带有地球内部信息的信号，并经过复杂的科学处理以后，就会生成地球内部图像。透过这些图像，地

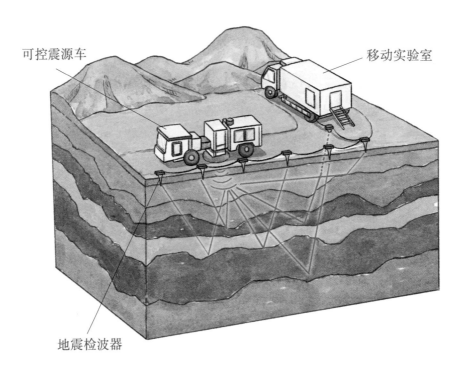

可控震源车

移动实验室

地震检波器

质学家可以清晰地看到地球深部的多种特征。当然，这些人工制造的地震波是不会对建筑、环境造成影响的。

给地球做"CT"对提高地质学的科学理论水平、寻找矿产资源和预测预报地质灾害等具有重大意义，特别是矿产资源的勘探开发对一个国家至关重要。

我国早期勘探矿产资源的方法和设备要依靠进口，受制于人。为解决深地探测问题，一代又一代的中国地质学家不畏艰难，勇攀科技高峰，提出了一系列地球勘探的新理论、新技术。其中，何继善院士提出的"广域电磁法"能探测埋于地下8 000米深的矿产资源。

向地心支一架"望远镜"：科学钻探

探索地球内部的奥秘，除了用地球物理的手段外，还有一种更直接、更有效的方法，那就是向地球纵深处打一口深井，科学家称其为科学钻探井。它就像一架入地望远镜一样，将人类的"视距"向地球内部延伸数千米甚至上万米，所以科学家形象地称其为深入地球内部的"望远镜"。如果说地球物理的手段是"入地"的间接方法，那科学钻探就是"入地"的直接方法，看得见、摸得着。

打个比方，医生给患者看病时，在有些情况下，患者需要做CT检查，医生在看了患者的CT影片后，只能判断出患者身体某个部位出现了异常，比如身体的哪个部位长了肿瘤。至于这个肿瘤究竟是良性的还是恶性的，医生有时候就可能无法判断，要判断肿瘤的性质，就必须开刀动手术。利用地球物理方法探测地球和医院拍CT类似，只能推断地下的各类异常，而且这些异常往往存在多解性，即可能由多个原因导致，无法精确判定。所以，要想

知道地球内部究竟是什么结构，地下究竟是由什么石头组成的，我们还需要向地球内部打一个洞，把地球内部的石头"挖"出来，进行直接观察、分析和判断。

向地球内部挖个深洞，听起来很简单，但是做起来却着实不易。伴随着科学技术的进步，人类直接向地球内部挖个大洞的计划在20世纪才得以实施。

那么，究竟什么是科学钻探呢？科学钻探就是利用动力强劲的钻机向地下打钻，钻出一个深孔，获取深孔中的石头（因为是圆筒状，地质学家称其为岩心），同时在这个深孔的孔壁上安放各类仪器，进而接收地下岩石的各类地质学信息，比如研究地震的科学钻探井内会安放地震仪，进行实时的地震监测。

都说"眼见为实"，拿到了地球深部的岩石样本，科学家可以做的事情真的是太多了，能够更加直观、清晰地了解地球内部是什么样子的。通过获得地球深部的石头，科学家可以研究地球深部的石头含不含矿、有没有化石和生物，测定地球深部的石头的各类物理性质，进而修正基于地球物理方法而获得的结果……

科学钻探是从20世纪60年代兴起的。一开始，人们选择在海里进行科学钻探，后来逐步在大陆上开展。但是直到现在，地球上最深的科学钻井深度才达到地壳厚度的0.2%。你可能会想，不就是一直向下挖洞嘛，应该不是很困难吧？在地球上打钻可不是那么简单呢，打钻过程中会遇到很多世界级难题，其中就包括地球的"三高"（高温、高压、高地应力）问题。在"三高"条件下，钻杆、钻头非常容易损毁，钻井的井壁容易坍塌……很多问题都会发生。所以说，比起如今上天、下海所取得的骄人成绩，人类的"入地"之旅因地下坚硬石头的阻碍而困难重重，探索历程曲折而艰难。

下面，大家就跟随我一起去看一看大洋钻探和大陆钻探的发展历程吧！

探古寻今的大洋钻探

前面我们说过，根据地震波在地球内部传播方式和速度的不同，科学家将地球内部分为地壳、地幔和地核。为什么"莫霍面"会产生地震波的突变，那里的石头究竟是什么样的，这些问题都是地质学家迫切想要解决的。

1957年，美国提出了**"莫霍面钻探计划"**，这也是世界上第一个科学钻探计划。该计划的目标至今听起来都让人吃惊，那就是打穿"莫霍面"，去看看那里究竟发生了什么样神奇的事情。在哪里实施这项计划呢？1961年，美国选择在东太平洋开展钻探工作，钻探点处的水深大约为3 600米，钻头穿过海水后进入洋底并钻进了183米。地质学

> **地质学家为何选择在大洋中实施莫霍面钻探计划？**
>
> 莫霍面在大陆地区的深度为20～70千米，而在大洋地区的深度为7～8千米。显而易见，钻透莫霍面，最可能的地点还是在大洋中。

家研究了从此处取上来的岩心，发现前170米都是深海沉积物，再往下是基岩——玄武岩。这是人类首次采集到组成大洋地壳的石头。但是，相对于洋壳的平均厚度7千米，这才钻下去一点点，离目标还差很远。随着该计划的组织方建议进一步增加经费，但最终被美国国会否决，直接原因是经济上负担不了。这项计划随之宣告终止。其实，"莫霍面钻探计划"之所以会夭折，不仅是因为费用问题，还有当时深海钻探技术方面的问题，钻透莫霍面的技术难题至今还未得到解决。

"莫霍面钻探计划"虽然夭折了，但是它却成为开启新一轮大洋钻探的钥匙。俗话说"撞了南墙要回头"，既然打穿莫霍面有难度，那就别只盯着"莫霍面"和上地幔了，先好好研究一下洋壳和深海沉积物吧。

1968年，真正意义的大洋钻探——深海钻探计划（简称DSDP）开始实施，负责钻探的是"格罗玛·挑战者"号钻探船。到1983年深海钻探计划结束，"格罗玛·挑战者"号钻探船共完成了96个航次，除了地球最北边被冰封的北冰洋外，它的钻井遍布世界各大洋，钻井数量达千余口，钻取岩心长度达9.5万多米。通过研究这些岩心，科学家有大量的重大发现，比如在墨西哥湾洋底下发现了石盐层，石盐层的下面蕴含着丰富的石油；再如，科学家在大西洋获取了大量岩心，发现这些岩石的年龄从洋中脊向外依次变大，这为海底扩张学说提供了极为有力的证据。

深海钻探的成功引起了各个国家的广泛关注。1975年，苏联、联邦德国、英国、日本和法国等纷纷加入该项计划，大洋钻探从单打独斗转入国际合作。

1985年，技术更加先进、设施更加完善的深海钻探船——"乔迪斯·决心"号大洋钻探船接过退役的"格罗玛·挑战者"号的接力棒，大洋钻探也随之开启第二个阶段——大洋钻探计划（简称ODP）。该计划于1985年开始，2003年结束，这期间共开展了111个航次的调查。

中国于1998年正式加入大洋钻探计划。早在1997年，我国的汪品先院士就向国际专家组提交了在中国南海钻探的建议书——**"东亚季风历史在南海的记录及其全球气候影响"建议书**，并在评审中获得第一。1999年，汪品先院士作为首席科学家，在中国南海成功实施第一次深海科学钻探，追踪东亚季风演

> ### "东亚季风历史在南海的记录及其全球气候影响"建议书
>
> 大洋钻探的航次根据各国科学家的竞争安排——每个耗资逾700万美元的钻探航次由国际专家组根据成员国科学家提供的建议书投票产生。1997年，汪品先院士提交了"东亚季风历史在南海的记录及其全球气候影响"建议书，得票最高，一举拿下ODP 184航次。1999年，ODP 184航次在南海实施。

变的历史，实现中国海域大洋钻探零的突破。

这一时期，科学家通过深海沉积物研究了地球的环境变化，在深海发现了可燃冰，同时发现了在海底数百米的地下还有微生物的存在……众多的科研成果极大提高了人类对海洋的理解和认识。

2003年，大洋钻探进入第三个阶段——综合大洋钻探计划（简称IODP Ⅰ）。这一时期，"乔迪斯·决心"号继续使用，性能更为先进的日本"地球"号大洋钻探船、欧洲的"特定任务平台"也加入该计划。该计划的钻探范围大，由于技术等原因，"乔迪斯·决心"号、"地球"号大洋钻探船只能在深海开展钻探工作，在水深较小的近海却不行，而欧洲提出的"特定任务平台"专门针对浅海及冰盖等地区开展钻探工作，三个平台配合默契、相得益彰。该计划的研究领域从地球科学扩大到生命科学，技术手段也从深海钻探扩大到海底深部观测网和井下实验。该计划的实施，让人类对板块运动的深层次原因、"深部生物圈"、气候变化等热点前沿科学问题有了更多的认识和理解。

2013 年10月起，国际综合大洋钻探计划改名为国际大洋发现计划（简称IODP Ⅱ），并会一直持续到2023年。新计划提出了四大科学目标：理解海洋和大气的演变，探索海底深部生物圈，揭示地球表层与地球内部的联系，研究导致灾害的海底过程。相信这一计划会将更多、更重大的成果呈现在我们面前，让我们拭目以待吧。

01 深海钻探计划（DSDP）
1968—1983年，由"格罗玛·挑战者"号大洋钻探船执行任务。

03 综合大洋钻探计划（IODP Ⅰ）
2003—2013年，由"乔迪斯·决心"号、"地球"号大洋钻探船及"特定任务平台"执行任务。

02 大洋钻探计划（ODP）
1985—2003年，由"乔迪斯·决心"号大洋钻探船执行任务。

04 国际大洋发现计划（IODP Ⅱ）
2013—2023年，由"乔迪斯·决心"号、"地球"号大洋钻探船及"特定任务平台"执行任务。

经过 50 多年的发展，大洋钻探初期那种科学目标简单、技术难度不高，可以"一钻定天下"的站位已经越来越少，仅靠钻探这种单一手段解决科学问题的时代正在过去，而与深网观测、深潜探索相结合的**"三深"**技术正在成为未来大洋钻探的新形式。

我国在深海探测领域起步虽然较晚，但当前捷报频传，成果丰硕。经过多年努力，我国已研发出一批拥有自主知识产权、技术先进的深海装置。不同深度的载人深潜器——能潜入深海4 500 米的载人潜水器"深海勇士"号、能潜入深海

深海探测领域的"三深"

深海探测的"三深"是指深潜、深网和深钻。

"深潜"包括载人和不载人的深潜器。

"深网"指的是用光电缆连接的海底观测系统及不联网的水下观测移动装置。

"深钻"是从海底向下进行科学钻探。

7 000米的"蛟龙"号和万米海沟坐底的"奋斗者"号相继下海，让"下五洋捉鳖"的科学梦想走进现实。同时，中国正在建造自己的大洋钻探船，相信不久的将来，中国人也会驾驶我们的钻探船穿梭于世界各个大洋，开展大洋科学考察活动。

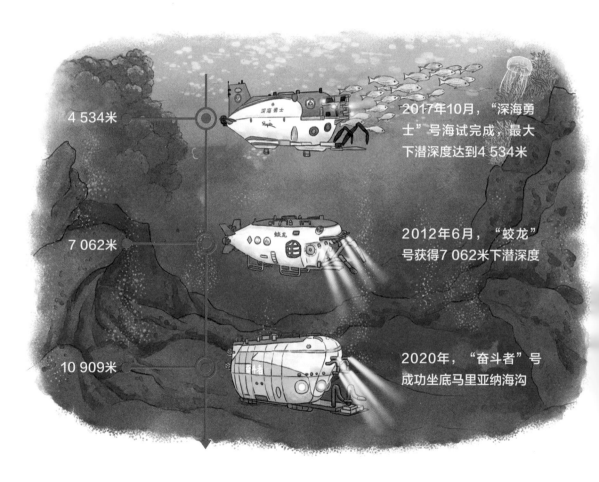

4 534米

2017年10月，"深海勇士"号海试完成，最大下潜深度达到4 534米

7 062米

2012年6月，"蛟龙"号获得7 062米下潜深度

10 909米

2020年，"奋斗者"号成功坐底马里亚纳海沟

曲折前行的大陆科学钻探

和大洋钻探相比，大陆科学钻探的起步稍微晚了一些。第二次世界大战后，美国和苏联开始了长时间的冷战，双方在政治、经济、外交、科技、体育等各个领域你追我赶，互不相让。1957年，美国提出了"莫霍面钻探计划"，20世纪60年代还提出过大陆钻探计划。"莫霍面钻探计划"得以实施，但是大陆钻探计划却因经费问题而夭折。苏联不甘心在科学钻探领域落后于美国，所以在20世纪60年代初期也制订了宏伟的"全苏地球深部研究及超深钻计划"。

按照此项计划，苏联先后实施了3口超过10 000米的超深井。其中，最著名的就是科拉超深钻。起初，苏联计划在科拉半岛打一口15 000米的超级深钻，苏联科学家也想看看大陆地壳下的莫霍面是什么样子的。苏联打算用20年的时间完成这一计划。1970年，钻探工作开始了，当时苏联的钻探技术已经十分先进。到1983年时，钻探工作已经进展到地下12 000米。这个钻探深度已经

非常了不起，创造了世界最深钻井的纪录，苏联为此举国欢庆了差不多一年之久，钻探工作因此也停滞了大约一年。

1984年，钻探工作恢复，遗憾的是，恢复钻探工作不久，钻井中就发生了钻杆断裂的严重事故，科学家只能在地下7 000米的地方换个角度重新开始钻探。这一路跌跌撞撞，到1989年达到了12 000米左右。此时，井底的温度已经非常高，达到了180 ℃，超过了预期的温度。这种情况下，钻具的性能已经到达极限，钻进工作不得不停止。就这样，当时全世界第一深钻永远定格在了12 000米左右。

虽然这口钻井离设定目标还有一定的距离，但是这也不妨碍它成为世界第一科学钻探井。科拉超深钻的科研价值很高，在该井7 000米深处的古老片麻岩和角闪岩中，苏联科学家发现了沥青包裹体和高浓度H_2、CH_4、He、N_2及卤水（含有很多矿物质的水），证明了地壳深处有非生物成因的甲烷存在，支撑了无机生油气观点——幔源油气理论；同时，在9 000米深处发现了金矿层，金的品位还很高，只是金矿埋藏得太深了，人类还无法将其开采出来。

之后，美国、联邦德国、中国等国家先后开展了大陆科学钻探工程。

1977年，联邦德国提出了"联邦德国大陆深钻计划"（KTB），该计划的主孔在1990—1994年实施，设计的钻进深度是14 000米，最终钻进的深度为9 101米。这项工程从提出到完成历时接近15年，总经费超过了5亿马克，很多国家的科学家和科研机构参与了该工程。此项计划成果显著，具有国际影响力。通过KTB超深钻，科学家建立了能够掌握地下9 000多米地壳信息的观测站；获取了不同深度各种岩石的物理参数，有助于校正地球物理勘测资料的解释；发现了地球深部的空隙中发育有甲烷等气体，这同样支持了**无机生油气假说**……

鉴于大陆科学钻探领域需要广泛的国际合作，所以不少国家

有机生油气论和无机生油气假说

关于油气的形成，目前的主流观点是有机物（如动植物的遗体等）经过漫长的地质作用后逐渐形成石油和天然气，即有机生油气论。但也有少部分科学家提出了无机生油气假说，该假说认为石油和天然气是形成于地球深处的非生物来源碳氢化合物，与生物没有联系。

建议成立国际大陆科学钻探计划。1996年，中国、美国、德国联合签署合作备忘录，国际大陆科学钻探计划（ICDP）宣告成立。

在大陆科学钻探中，我国是发起国，相比于大洋钻探中我国是参与国，这是一个巨大的进步。我国的大陆科学钻探工程取得了很多骄人的成就。在ICDP的资助下，中国大陆一共实施了三个在大陆科学钻探计划框架下的钻探工程，一个是江苏的东海钻，一个是青海湖的环境深钻，还有一个是松辽盆地的科学钻探。

科学钻探有很强的目的性，位于东海的中国大陆科学钻探工程也不例外。由于华北板块与扬子板块碰撞形成了壮观的大别-苏鲁**超高压变质带**，科学家特别想通过研究这个超高压变质带，看看两个大陆板块是怎么碰撞在一起的。

2001年，中国大陆科学钻探工程在江苏东海县开始实施，2005年竣工，它的钻探深度达到5 158米，是我国第一口大陆科学钻探井。该工程的首席科学家是我国著名地质学家许志琴院士。

通过钻探取得的岩心，我国科学家发现在东海县深部有非常厚的金红石（主要成分是二氧化钛）矿层，而且在我们脚下几千米的地方还有微生物存在；科学家还发现了超

超高压变质带

超高压变质带是指由超高压的变质岩组成的变质带，一般发育在两个板块俯冲碰撞的地区。我们说过，变质岩的形成受到温度、压力和流体的作用和影响，超高压变质岩是受高压作用而形成的，压力起主导作用。

高压矿物柯石英和金刚石，它们都是经过高压作用形成的矿物，代表了该地区曾受到巨大的挤压作用，这个挤压力就来自扬子板块和华北板块的"亲密接触"。科学家推断，两亿多年前，华北板块和扬子板块曾是隔海相望的两个板块，在一股强大的力量推动下，两大板块相互靠近，中间的海洋逐渐消失；两大板块"牵手"后仍未结束运动，扬子板块俯冲到了华北板块下方，大量的地壳石头被带入地下深部100多千米的地方，经过高压的作用后，形成超高压矿物（柯石英和金刚石等），而后又返回地表，这就是板块运动的神奇之处。

青海湖是一个咸水湖，地处东亚季风湿润区和内陆干旱区的过渡带上，对全球气候和环境变化十分敏感。青海湖里的沉积物是记录环境变化的"黑匣子"。为了研究我国西部地区的环境变

化等科学问题，科学家将目光瞄准了青海湖。2005年，青海湖科学钻探工程开始实施，科学家在青海湖中钻取沉积物，共取到岩心547.8米；同时，在青海湖南岸实施的两口井，分别获取626米和1 108米岩心。该工程的首席科学家是我国著名地质学家安芷生院士。

通过研究青海湖中的沉积物，科学家了解了青海湖的形成及演化历史，查明了青海湖形成以来该地区的气候变化情况，为预测未来的气候变化提供了依据。

松辽盆地大陆科学钻探工程的精彩故事更是不少，我们将在后面章节详细讲述。

0.2%！"入地"路上的拦路虎

我们知道，地球的平均半径是6 371千米，而当今世界最深的科学钻探井只有12千米左右。换句话说，在现有的科技条件下，人类仅仅向地心挺进了大约0.2%。也就是说，如果把我们的地球比作是一个鸡蛋，我们现在还没有钻破鸡蛋壳。

世界第一深的大陆科学钻探井——科拉超深钻的设计钻探深度是15 000米，而终止深度为12 262米；举世闻名的德国KTB超深钻的设计钻探深度是14 000米，而终止深度为9 101米。不难发现，这两个超深钻的实际钻进深度比设计的深度要低很多，不是两个国家的科学家不想完成既定目标，而是确实非常困难，这些困难主要集中在"入地"的"三高"。

一提到"三高"，有的小朋友会一下想到高血压、高血脂、高血糖，这"三高"对人体健康危害极大。在"入地"领域，科学家们同样面临着地下深部的"三高"，它们就是高温、高压、高地应力，这"三高"是人类"入地"名副其实的拦路虎。

高温

你知道地温梯度吗？通常，越往地下深处走，温度会越高。我曾经在地下800多米的矿洞中开展过地质工作，光是站在矿洞中不干活就满身是汗。一般情况下，每向地下走100米，温度会上升1～3 ℃，这就是地温梯度，但是在一些特殊地区，如火山岩地区等，这个数值会更高一些，因为火山岩地区很热。

地球是个大的热库，有些地方的地温梯度不正常，每下降100米温度升高几摄氏度甚至十几摄氏度，这些地方的地热资源十分丰富，可以用来发电等，但是对于科学钻探来说，地热反而成了拦路虎。

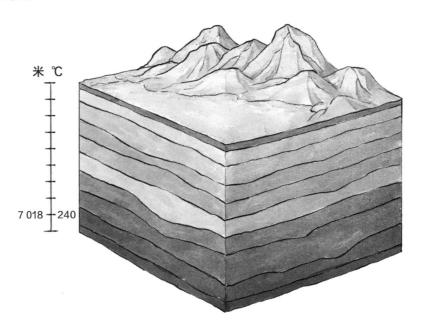

米 ℃

7 018 — 240

举个例子，在松辽盆地，每向下走100米，温度会升高3~4 ℃，到地下7 000多米时，温度就已经超过240 ℃了。科学家预测，如果到地下10 000米，温度将会超过300 ℃。这就意味着，在松辽盆地开展科学钻探，到了地下7 000多米的时候，钻机上所使用的钻头、轴承、马达等设备要耐得住240 ℃以上的高温，这对钻探设备是一个非常大的考验。苏联的科拉超深钻最后5年在原来的12 000米基础上只向下钻探了可怜的200多米，主要原因也在于地下的高温超过了钻探设备的极限。

高压

这里的高压指的是岩石静压力，也就是地球内部所处环境上覆岩层的压力。打个比方，夏天睡觉的时候我们会盖一个非常薄的毯子，感觉很轻松；冬天睡觉的时候我们会盖很厚的被子，那么就会有些许挤压的感觉了，这就是"棉被静压力"。地球内部的压力随深度加大而逐渐增大。

如果钻探深度达到1万多米，预计地层压力将达到400兆帕，井内泥浆的压力将达到175兆帕以上。目前，很多井内测量仪器所能承受的压力为140~170兆帕，所以压力越大，对地下仪器的要求也就越高。

高地应力

地应力，是存在于地下的岩石在未受到工程扰动情况下所固有的应力状态。研究表明，重力作用和构造活动是引起地应力的主要原因。这里的地应力主要是指由于构造活动引起的水平方向的力。拿大家在上学路上挤公交车打个简单的比方，车上人特别多的时候，大家肩挨着肩，脚跟着脚，不用抓把手都能轻松实现"任尔东西南北风，我自岿然不动"。突然，你右方的人挪走了，没有了右方的支撑，你会怎么样呢？大概率是要站不稳摔倒了。科学钻井容易发生井壁坍塌，和这道理差不多，当岩石一侧被掏空，受力平衡被打破后，它就很容易被"挤"出去了。比如东海大陆科学钻探工程，它就位于两大板块的碰撞地带，该地区的地应力就很高。地下深部的钻井，受到高地应力的作用，非常容易造成井壁垮塌、卡钻等井下事故。苏联的科拉超深井和德国的KTB井，在6 000米至7 000米井段施工时，就曾因为高地应力的影响而频频发生事故，从而花费了大量的时间和经费。

除此之外，向地下深部开展钻探工程，还存在井易斜、提取岩心难等诸多问题。大量的钻探工程都会出现一个问题，那就是伴随着钻探深度的增加，钻井斜度也会增加，这样施工难度也会增加，比如布设和提取测量仪器难、下套管难等；同时钻探深度越大，提取岩心难度越大，比如钻探到地下10 000米时，取一次岩心需要将地下10 000米的岩心提上来，时间长姑且不说，频繁地提取岩心特别容易发生岩心堵塞的情况，而且对井壁的稳定性也会造成极大影响。

所以，向地下挖个深洞还容易吗？

"惟其艰难，方显勇毅"，只有了解了向地下打钻会面临哪些难题，方能理解我国大陆科学钻探辉煌成就的来之不易。

第四章

通往地球内部的"时空隧道"

与地球对话：
松辽盆地大陆科学钻探工程

    松辽盆地大陆科学钻探工程包括松科一井、松科二井和松科三井，松科二井是核心科学钻探井。松科二井由中国地质调查局组织实施，完井深度为7 018米，是目前亚洲国家实施的最深大陆科学钻井，也是国际大陆科学钻探计划（ICDP）成立22年来实施的最深钻井，代表着我国向地球深部进军的最高水平。

    为什么科学家对松辽盆地如此感兴趣呢？

    松辽盆地面积广大，它跨越东北三省。它的表面是广阔无垠的黑土地，肥沃的黑土地哺育着我们人类；它的下面藏着宝藏，因为亿万年前这里是一个巨大的湖泊，大量动植物曾在这里繁衍生息，超过10 000米厚的沉积岩随着时间的推移不断形成，沉积岩中有石油、天然气，还藏着地球白垩纪时期的很多秘密。科学家可以通过研究这些巨厚的沉积岩，了解松辽盆地深部除了**大庆油田**，是否还有更多的油气资源；研究该地区在白垩纪时期的气候，为预测我们地球未来的气候变化提供依据。

作为ICDP中的一个项目，松辽盆地大陆科学钻探工程有着非常独特的意义。首先，获得了ICDP资助，ICDP资助项目有一个重要规则，那就是唯一性。这就意味着，松辽盆地大陆科学钻探计划获得ICDP资助的前提是以往没有实施过白垩纪时期陆相地层大陆科学钻探；同时还意味着，该计划实施后，ICDP不会再资助相同地质时代的科学钻探计划。也就是说，ICDP资助项目通常具有很强的排他性。这更加说明了松辽盆地具有得天独厚的地学研究价值和优势。

瞄准了松辽盆地后，科学家想通过实施松辽盆地科学钻探工程实现哪些目标呢？

第一，科学家想获得松辽盆地在白垩纪时期沉积下来的所有石头，这样就可以拿着这些"宝贝"进行科学研究了；第二，科

松辽盆地上璀璨的明珠 ——大庆油田

新中国成立初期，我国面临着从农业国家向工业国家迈进的艰巨任务，但石油的短缺让我们的发展步履维艰。当时，我们的公共汽车头顶都有一个大气囊，烧的是煤气，直到大庆油田开采成功。

大庆油田是我国最大的油田。它的发现让我国摘掉了贫油国的帽子，为新中国的建设发展做出了不可磨灭的贡献。"有条件上，没条件创造条件也要上"，在大庆油田开发建设过程中诞生的铁人精神，至今仍激励着国人不畏磨难，奋力前行。

学家想看看松辽盆地的深处还有没有我们可以利用的油气资源；第三，了解松辽盆地形成、演化的奥秘，还原板块运动的神奇过程；第四，基于这些取上来的石头展开研究，寻找白垩纪时期地球气候变化的依据，探索解决目前全球气候变暖问题的方案；第五，研发向地球深部打钻的先进装备，使我国向"入地"强国迈进。

带着上述科学目标和理想追求，科学家怀揣着梦想、饱含希望，开始了松辽盆地科学钻探工程。其中松科二井是最重要的，也是成果最好的科学钻探项目。

松科二井位于黑龙江省安达市，松辽盆地的腹地，该工程的首席科学家是著名地质学家、中国科学院院士王成善。2014年，松科二井开始实施；历时近4年，于2018年完成，钻探深度达到7 018米，钻透了松辽盆地整个白垩纪时期沉积下来的岩石，圆满完成既定目标，为后续科学家的深入研究奠定了坚实的基础。

入地利器——"地壳一号"万米钻机

古人云："工欲善其事，必先利其器。"要想在松辽盆地打一口科学深钻并取得完整的白垩纪时期岩心，没有先进的装备是无法实现的。

2008年，我国启动了"地球深部探测专项"，拉开了"入地"序幕。面对欧美国家在科学钻探领域的成就，我国因受到技术封锁，一直处于落后状态。为了提升在地球深部探测领域的技术和装备水平，我国于2010年启动了"深部探测关键仪器装备研制与实验"项目，该项目的负责人是著名的地球物理学家黄大年教授。探测装备技术的先进性和科学组合将决定获取数据的信息化程度、精确程度、探测效率、应用条件以及对实现地壳探测工程目标所提供的技术保障程度。可见，深部探测的装备和技术对人类"入地"来说是多么关键和重要，这和"兵马未动，粮草先行"是一个道理。

深地探测项目需要极高的科技水准和先进的装备水平，所以我们要从国家高科技发展战略出发，针对复杂地质环境的探测能力和效率，研发具有自主知识产权的关键探测技术装备。

在这个项目中，有一项课题是研发深部大陆科学钻探装备，著名地质学家、中国工程院院士孙友宏是这个课题的负责人。该课题的目标是研发能向地下挖10 000米洞并能将岩心取上来的装备，这个装备也就是后来大家熟知的"地壳一号"钻机。此前，我国最深的科学钻探深度为5 158米，要完成地下10 000米的钻探任务着实不易。

时间紧、任务重。课题负责人孙友宏教授经过深思熟虑，决定采用改造现有成熟的技术、集中力量研发核心技术、广泛合作集成关键技术的思路开展工作。故"地壳一号"钻机的主体部分由现有成熟的石油钻井装备改造而成。而后，课题组集中科研力量，研发关键技术及装备，包括"全液压顶驱""自动送钻系统"和"钻杆自动处理系统"等；最后，联合国内相关高校、科研院所开展钻具及取岩心技术、高温钻井液、深孔井壁固定、耐高温电磁随钻测量系统、高温固井材料等关键技术及装备的研发。

经过众多学者的不懈努力，"地壳一号"钻机研发成功，我国拥有完全自主知识产权，这标志着继俄罗斯、德国后，我国成为世界上第三个掌握地下万米钻探技术的国家。

"地壳一号"钻机是个庞然大物，它高60米，相当于20层楼房；占地面积大，足有1万多平方米，相当于1.5个足球场；总重约1 500吨，相当于300头重5吨的大象。"地壳一号"的发电机组动力强大，比一般的火车头还要有力气。

"地壳一号"钻机的主体框架的颜色有讲究

"地壳一号"钻机的主体框架从下到上被涂上不同的颜色，从粉红色到浅黄色，分别与地质年代表中不同时期的地层颜色一一对应起来，代表着从太古代到新生代。这真的是地质学家独有的浪漫呀！

"地壳一号"钻机主要由井架、底座、绞车、泥浆泵、VFD房、司钻房、"固控系统"、发电机组等组成。刚刚提到，"地壳一号"钻机高60米，主要指的就是它的井架。井架和底座构成了**"地壳一号"钻机的主体框架**。绞车负责提取地球深部的岩心，泥浆泵负责在钻探过程中输送钻井液，VFD房负责控制发电机的电频，司钻房负责对钻探过程进行监控，"固控系统"负责将由井口返回地面的泥浆里面大的碎屑等进行有效的分离，处理过的泥浆（钻井液）可以重复使用；发电机组负责提供动力。

那么，什么是钻井液呢？钻井液是一种特殊配方的泥浆，在钻进过程中，将泥浆（钻井液）注入井下，可起到冷却钻头、清洗钻头、加固井壁，同时将钻进过程中产生的岩石碎屑带回到地

— 7 018米

面的作用，是钻机的"血液循环系统"，极为重要。

超深孔钻探面临一系列的世界级难题，其中最难以攻克的，便是在地球内部的高温、高压、高地应力条件下，确保钻具的配件和电子元件能正常工作、取岩心工作能够顺利进行，随着"地壳一号"万米钻机研制成功，这些难题都被我国学者逐个攻破。

"地壳一号"万米钻机的研制及应用，标志着我国进入"入地"强国行列。小朋友们，让我们为这些参与研发的科学家和工程师点一个大大的"赞"吧！

领先世界的"钻地术"

　　虽然松辽盆地是个聚宝盆，但是它的地下岩层却很复杂，想要在松辽盆地挖个深井可是相当不容易。在松辽盆地下，既有相对较软的泥岩，又有相对较硬的砂岩、火山岩，这种软硬相间的岩石层对钻头、钻杆等钻具的要求非常高，需要它们调整相应角度，自动适应复杂的地层环境，否则就非常容易非正常损坏；同时，松辽盆地内部温度非常高，在一般的地区，每向下走100米，温度会上升1～3 ℃，而松辽盆地的地温梯度却达到了3.9 ℃，这意味着地下深处的温度会非常高，这对钻探设备同样是重大考验。

　　虽然在松辽盆地挖个深井很困难，但是"地壳一号"钻机就是破解这些难题的"利器"。

　　2013年10月15日，"地壳一号"这个大块头被拆分成零件，搭乘50辆大型拖车从四川省广汉市出发前往东北。2014年4月13日零点，"地壳一号"钻机在位于松辽盆地的松科二井现场实施

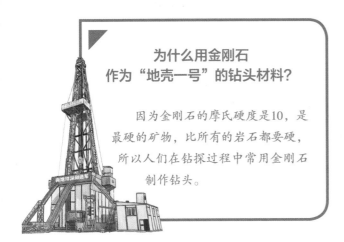

为什么用金刚石作为"地壳一号"的钻头材料？

因为金刚石的摩氏硬度是10，是最硬的矿物，比所有的岩石都要硬，所以人们在钻探过程中常用金刚石制作钻头。

开钻作业。在发动机提供的强大动力下，"地壳一号"钻机的**金刚石钻头**卖力地向地下钻进……

通常，比较深的钻探工作是分段进行的，所以一开始钻井的直径比较大，当钻探到一定的深度时，由于地应力增大，为了防止井壁坍塌，我们就要在钻井中放入一个钢管，这样就可以对井壁进行有效支护；每隔一段都会重复这样的操作。这样下来，伴随着深度的增加，放入钢管的次数也会增多，最下段井口的直径也就越来越小。这就好比大家小时候都爱玩的一种玩具——可伸缩的金箍棒，手持的一端是最外面一圈，直径也最大，越往里，直径越小，金箍棒的另一端绝对是最细的。这样，小管才能钻进大管。科学钻探是同样一个道理，每次所下套管的直径会越来越小。由于松科二井钻探深度较大，需要下很多次不同口径的套管，这对工作人员来说非常不易。

此外，松科二井绝不仅仅是向地下深处挖一个洞，还要将洞里的石头取上来。传统的科学钻探井多是先用一个小口径的钻头钻一个洞，把地下的石头取上来，然后再用大一点口径的钻头来

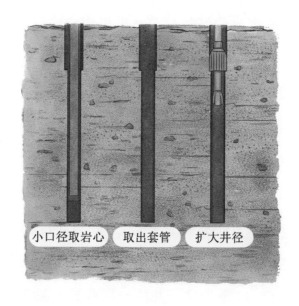

小口径取岩心　　取出套管　　扩大井径

扩大洞的直径，直至最初设计的口径。

为了提高工作效率，采集到完整岩心，在"地壳一号"钻进过程中，我们的科学家反复试验、艰苦攻关，攻克了大口径钻头直接钻进并取岩心、粗大岩心的提取和出井等关键技术，这样一来，省去了很多工序，同时避免了井壁坍塌、掉块卡钻等诸多风险，节省了成本，取出岩心的数量是传统方法的好几倍。

井壁坍塌

掉块卡钻

钻柱受力不均断裂

在取岩心的过程中，还存在一

个问题。传统的取岩心过程是，钻机工作一段时间后，取心筒里就存了一些岩心，每次取岩心的时候，我们都需要把井下所有的钻具全部取上来，取出岩心后，再把所有的钻具下到井里继续钻进。这个工作耗时、耗力。

如何在取岩心的技术上下功夫，提高效率、节省成本呢？科学家想，如果钻一次能多钻入深地一些，这样取岩心的长度就增加了，取岩心的次数不就减少了吗？有了方向就要开始攻关，科学家终于在"长钻程技术"上实现了重大突破，在"地壳一号"钻进过程中，在311毫米口径井段一次取岩心钻进深度超过了30米，创造了该领域的世界纪录；随后又在216毫米口径井段一次连续取岩心的钻进深度达到41.69米，再次刷新了世界纪录。"长钻程技术"的应用，不仅降低了工作人员的劳动强度，缩短了钻井施工周期，还极大地节约了综合成本，更为以后的超深井工程提供了新技术支撑。

"地壳一号"在超深井中向下连续钻进的过程中，既要保证上部井眼完好不会坍塌，也要保证让钻头"咬碎"的岩石碎渣从井底顺利排出，还要保证高速转动的钻头不会因为发热而提前报废，这些就得依靠前面提到的钻井液来实现了。它就像人的血液一样，在钻眼过程中从地面到井眼底部不停地循环、净化，传递水动力、冷却并润滑钻具，携带岩屑，维护井眼周围井壁的稳定。

在钻进的过程中，钻井越深，温度越高，对钻井液的技术要求越高。松科二井7 000多米处的温度已超过240 ℃，经过反复的研究和实验，科学家们研发出的新型钻井液配方，经受住了井底240 ℃以上温度的考验，刷新了我国钻井液应用的最高温度纪录。

在打钻过程中，"地壳一号"攻克了一个又一个的世界性难题，完成了一个在ICDP十分有影响力的灯塔项目，见证了我国的"入地"能力，推动了我国"入地"设备的快速发展。"地壳一号"钻机的相关技术成果已被广泛应用于深部油气钻机、海洋钻机、低温钻机系列设备中，推动了我国深部油气资源和地热资源勘探行业的技术进步。

7 018米！揭开地球深部奥秘

科学钻探不是单纯向着地球深部钻井挖洞，更重要的是获取地下深部难得一见的珍贵岩心。

松辽盆地的沉积岩厚度大约有1万米，这里的岩心记录了距今6 500万年至1.45亿年的白垩纪时期的气候历史，为我们了解地球上距离人类最近的典型温室气候时期——白垩纪提供了重要的地

质证据。白垩纪时期发生了哪些地质事件？古气候有着怎样的变化？生物演化经历了怎样的过程？古生态是什么样子的？这些问题都需要从松辽盆地的岩层中寻求答案。

"地壳一号"钻机在松辽盆地奋战了4年左右，获得了众多荣誉，圆满完成了科学家设定的目标，向地下挖了7 018米，在钻探技术方面取得多项成就的同时，也从地下深处挖掘出4 000多米的岩心。这些来自地下深部的石头看起来不起眼，但是在地质学家的眼中却比黄金还要珍贵，因为它们里面藏着太多地球深部的秘密。用"一厘米代表一万年"来形容这些岩心一点也不夸张。

这些岩心出土后，地质学家迫不及待地对其开展研究工作。在观察研究了"地壳一号"钻机取出的珍贵岩心后，地质学家发现在沙河子组和火石岭组的地层中存在很多层黑色石头，这让我们的地质学家眼前一亮。这些石头叫炭质页岩，它是泥页岩的一种，是一种含碳量非常高的岩石。炭质页岩里含有页岩气资源，这对于松辽盆地深部的能源资源勘查工作来说具有重要意义，说明松辽盆地的地下深处还储藏着不少的能源资源。

松辽盆地上发育了我国最大的油田——大庆油田，它是由老一辈地质学家李四光先生等人发现的。在寻找大庆油田时还有个小故事。新中国成立之初，我国急需石油这一重要的能源资源来进行现代化建设，而当时流行的找油理论是海相生油理论，意思

是海相盆地才具有良好的成油条件，而我国海相盆地相对较少，所以国外专家断言中国贫油。面对这种局面，我国李四光、潘钟祥、黄汲清等老一辈地质学家不迷信国际理论，结合中国实际，创造性地提出**陆相生油理论**，并于1959年在松辽盆地发现了大庆油田，一举摘掉了我国"贫油国"的帽子。然而，石油是一种不可再生能源，经过这么多年的开采，大庆油田的能源正在减少，松辽盆地急需要新的能源资源来补充，这时候发现的页岩气资源可以说是雪中送炭。

　　那么，页岩气是什么呢？页岩气是以吸附、游离方式储藏在有机质页岩中的天然气。页岩主要是由黏土矿物组成的沉积岩，分层特别明显，像一本书一样。页岩由于成分差异而颜色各异，有红色、紫色、黄色、黑色等。地质学家在松辽盆地的岩心中看到黑色页岩非常兴奋，是因为它含有大量的碳，里面极有可能含有页岩气。

页岩气的主要成分是甲烷，是一种非常规油气资源。为啥说它是非常规油气资源呢？因为组成泥页岩的黏土矿物的颗粒非常小，这些颗粒之间的孔隙、裂缝就更小了，能达到纳米级，我们肉眼根本看不到，这就导致藏在这些黏土矿物孔隙、裂缝中的天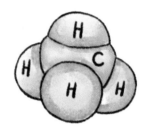然气非常难开采。所以，虽然页岩气被发现的时间很早，但是早期因技术手段达不到而利用率低，直到21世纪随着技术的进步才得以大规模开发。

一些发达国家通过大规模开发页岩气掀起了"页岩气革命"，不但实现了能源独立、自给有余，还有望由天然气的进口国转变为天然气的出口国。目前，我国的油气资源对外依存度持续增大，开发利用页岩气可以有效地缓解油气供需矛盾，对保障我国的能源安全十分重要。

除了发现有页岩气，我国地质学家还发现松辽盆地具有很好的地热资源开发潜力，具体表现为松辽盆地地下4 400米到7 018米的石头温度非常高，这些高温岩石被称为干热岩。

什么是干热岩呢？我们知道，地球内部蕴含着巨大的能量，地心温度更是高达6 000 ℃。通过火山、地震、热传导等方式，地球将内部的能量源源不断地释放出来。我们所熟悉的温泉正是地球比较温和地释放能量的方式，属于地热资源的一种。目前，人类对干热岩的开发利用主要是发电。简单来讲，就是将地面的冷水注入地下干热岩井中，冷水经过热传递变成热水，再将热水导出地面用来发电。干热岩能源被国际公认为一种高效低碳清洁能源。

从理论上说，从地球表面向深处延伸，温度会逐渐增加。任何区域达到一定深度，温度都非常高，但是它们却不能被称为干热岩。由于当前技术条件有限，干热岩型地热资源专指埋深较浅（3～10千米）、温度较高（大于150℃）、具有经济开发价值的热岩体。据保守估计，地壳浅部（3～10千米）干热岩所蕴含的能量巨大，相当于全球所有石油、天然气和煤炭能量的数倍之多。所以，开发这种能量巨大的清洁型能源，不仅可以改变当前社会的能源结构，更能够遏制污染排放，还人类一片碧海蓝天。

走进白垩纪恐龙时代

提到白垩纪，大家首先映入脑海的大概是恐龙了吧。我曾经到访过很多地质博物馆，如河南自然博物馆、山西地质博物馆、贵州省地质博物馆等，这些博物馆有一个共同点，都展示了大型恐龙化石。我每一次去地质博物馆，都能看见许多家长带着小朋友围着恐龙化石一通研究，发出一连串的提问。下面，就跟随我来一场恐龙时代的时空旅行吧！

白垩纪距今约6 600万年至1.45亿年，因欧洲西部该年代的地层主要为白垩沉积而得名。白垩纪时期的地球与我们现在看到的地球可以说是大不相同。那个时候，地球温暖湿润，平均气温可达36 ℃，南北两极几乎没有冰，海平面也比现在高出很多。温暖湿润的气候造就了生物的天堂，各类裸子植物、被子植物得到充分发育，此时称霸陆地的大型动物主要是各种各样的恐龙，最著名的要数霸王龙了，它是那个时候最大的食肉动物。

到了白垩纪的末期，一场重大的灾难降临，大量的生物在这一时期灭绝，我们称之为第五次生物大灭绝。在这场灾难中，地球上有75%～80%的物种消失了，统治地球长达1.6亿年之久的地球霸主——恐龙，也在这次灭绝事件中消失不见了。

地球上的五次大规模生物灭绝事件

第一次大规模生物灭绝是奥陶纪大灭绝，奥陶纪结束时，地球进入冰期，气候变得非常寒冷，导致许多生物灭绝。

第二次大规模生物灭绝是泥盆纪大灭绝，发生在泥盆纪晚期，地球上约1/4的生物在这次大灭绝事件中消失，海洋生物遭受重创，其中称霸海洋3.2亿年的三叶虫类也灭绝了。

第三次大规模生物灭绝是二叠纪大灭绝，发生在二叠纪晚期，是地球有史以来最惨烈的大灭绝事件，地球上90%以上的生物灭绝。

第四次大规模生物灭绝是三叠纪大灭绝，大约70%的生物灭绝，主要是海洋生物。这可能与三叠纪末期，海平面下降后又上升，大面积海水缺氧有关。

第五次是白垩纪大灭绝，又称恐龙大灭绝，地球上约75%的物种灭绝，包括称霸地球1.6亿年的恐龙。

曾经长时间称霸地球的恐龙在短时间内迅速灭绝，这给人们留下了许多不解之谜，同样也引发了地质学家的关注。

是什么原因导致的这次**生物大灭绝事件**呢？至今还没有定论，有人说是气候变化导致的，有人说是火山爆发导致的，还有人说是物种老化导致的。

目前，关于恐龙灭绝的原因，影响力比较大的是陨石撞击假说。地质学家在地球很多地方的白垩纪末期到古近纪这段时间沉积下来的薄层沉积岩中发现铱元素的含量不正常。铱元素本身在地壳中的含量很低，而这些沉积岩中铱元素的含量是正常值的几十倍甚至上百倍。由于很多小行星中铱元素的含量是很高的，因此地质学家推断白垩纪末期可能发生了陨石撞击事件。撞击假说提出约10年后，又有科学家在墨西哥湾的尤卡坦半岛发现了直径为180～200千米的希克苏鲁伯陨石坑，进一步证实了小行星撞击的猜测：这次小行星撞击事件导致了全球性的地震、火山爆发等大灾难。

尽管很多证据支持现在的小行星撞击假说，但仍有很多科学家提出了不同的意见。在地球演化的历史长河中，出现过多次生物大灭绝事件，而这些大灭绝事件似乎与大规模火山喷发事件都有着紧密联系，如二叠纪中期的峨眉山火山喷发事件、二叠纪末期的西伯利亚火山喷发事件和三叠纪末期的中大西洋火山喷发事件。特别是白垩纪末期，大规模的火山喷发发生在德干高原，这次喷发造成了全球性升温以及大范围的酸雨。火山喷发出的玄武岩覆盖了整个印度大陆，共约150万平方千米；喷出的岩浆冷却下来形成的火山岩的总厚度有上千米。近年来，越来越多的研究开始关注这些地质事件之间的联系，并提出小行星撞击很可能加剧了德干高原火山喷发。随着研究的深入，科学家发现仅依靠德干高原火山喷发或者小行星撞击单独作用，可能并不足以引发大规模的生物灭绝，进而提出是多种事件叠加导致生物大灭绝的观点。

所以，要想真正找到恐龙灭绝的原因，还是要了解白垩纪末期的气候变化，还原恐龙当时真实的生活状况。这些信息都藏在松科二井的岩心中。

通过对松科二井岩心的研究，我国地质学家掌握了白垩纪末期的古气候变化，提出了恐龙灭绝的新证据。我国地质学家发现在小行星撞击地球前约30万年，空气中二氧化碳的含量就明显升高了，进而导致地球温度上升，此时恰好德干高原发生大规模的火山爆发。我国地质学家推断，正是大规模的火山爆发导致了全球的气候发生变化，气候变化破坏了生态系统的稳定性，进而发生了一些生物灭绝现象。也就是说，在白垩纪末期，小行星撞击地球后，原本就已经非常脆弱的生态系统因为气候变化瞬间崩溃，再一次发生生物大灭绝事件。多个地质事件导致了白垩纪大量生物灭绝，不可一世的地球霸主也难逃厄运。

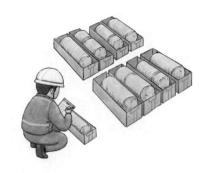

岩心"图书馆"

我们会用"一眼千年"来形容考古工作者面对文物时内心的震撼，对于地质工作者，我们用"一厘米一万年"来形容岩心在地质研究方面的宝贵价值。在现有的科技水平、认识水平下，科学家对岩石的认识有限；伴随着科技水平的进步，地质学家将会通过这些岩心获得更多的地学成果。所以，取自深地的岩心需要安全妥善地保管起来。

这些"宝贝"虽然是石头，却非常"娇贵"，很容易碎裂，这样不仅不利于保管，而且会大大降低其研究价值。为了保管好这些岩心，国家专门建设了一座"图书馆"来保管它们，中国地质调查局自然资源实物地质资料中心（以下简称"实物资料中心"）就是松科二井岩心野外现场管理和库藏保管的机构。在这里，岩心被视作一本本记录着丰富地质信息的、厚实详尽的地球历史书籍，在被赋予编号后，分门别类、整整齐齐地保存在高高的"书架"上，供科研人员随时"借阅"解读。

向地球深部进军

为了能够使参与松科二井岩心研究的科学家更直观、全面地获取岩心中储藏着的地质信息，同时降低岩心因受到温度、湿度、压力等自然因素的影响而造成风化和破碎的可能性，技术人员专门研究制定了一套方法，实现了对松科二井岩心的长久保存。

野外钻探现场岩心要"体检"

要想把松科二井的岩心保存好，就要先为它们进行"体检"。

松科二井岩心从钻井下提取出来后，首先由钻探现场的技术人员将岩心按顺序进行整理、清洗和拼装，紧接着还要对它们进行描述、拍照和扫描等。

在"体检"的过程中，无论是大块还是小块，松科二井的岩心每间隔10厘米或20厘米都要贴上唯一的"身份证编码"，"身份证编码"包括钻孔名称、回次号、岩心段等信息。装有岩心的盒子两侧还需要标注清楚岩心盒子编号和编录信息。这些数据都会伴随着岩心一起存入实物资料中心的库房中。

为了保证万无一失，岩心起运前，松科二井现场指挥部、钻探施工队、实物资料中心三方的技术人员会再次对这些岩心进行核查，签字确认移交后方可起运。

松科二井岩心长期保存有妙招

岩心运回实物资料中心后，需要对它们进行进一步的处理和保管。

松科二井岩心呈圆柱形。工作人员会将它们沿垂直于横截面的直径方向，按照一定比例进行切割处理，分成两部分。大的部分用于进行多次科学研究取样和实验检测工作；小的部分在进行抛光、浇铸等处理后，进行永久保存，这样就可以一直满足地质学家随时观察研究的需要。

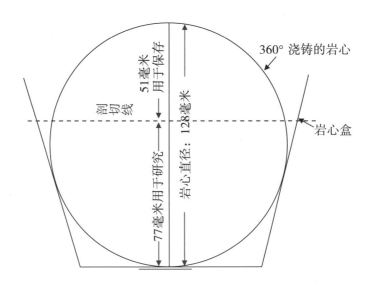

松科二井岩心的切割处理示意图

为了解决松科二井岩心易碎的问题，工作人员专门研究探索出了一种使其得以长久保存的"妙招"，即对易碎岩心进行抛光、浇铸。

第一步，拼接。按照破碎前的相对位置，工作人员在工作台上对破碎的岩心块进行整理，使各岩心块之间的断口能够拼接整齐；之后，在每个岩心块的横截面圆周内侧涂覆一圈黏合剂，将每块岩心按照顺序依次进行拼接和黏合，使其恢复圆柱状的体形。

第二步，切割。取出这些圆柱形的易碎岩心，按照一定比例进行纵向切割。

第三步，抛光。将岩心体的切割面进行抛光，得到光滑的切割面。

第四步，把抛光后的岩心体放置在透明U形槽内，并进行胶结固定。

第五步，浇铸。这是最为关键的一步。将盛有岩心体的透明U形槽放置水平，岩心体的切割面水平朝上。之后，将浇铸材料倒入透明U形槽中，岩心体与透明U形槽之间的空隙全部会被浇铸材料填满。

最后，等浇铸材料充分凝固后，娇贵易碎的岩心就得到了全面的保护，实现了"重生"，能够长久保存了。

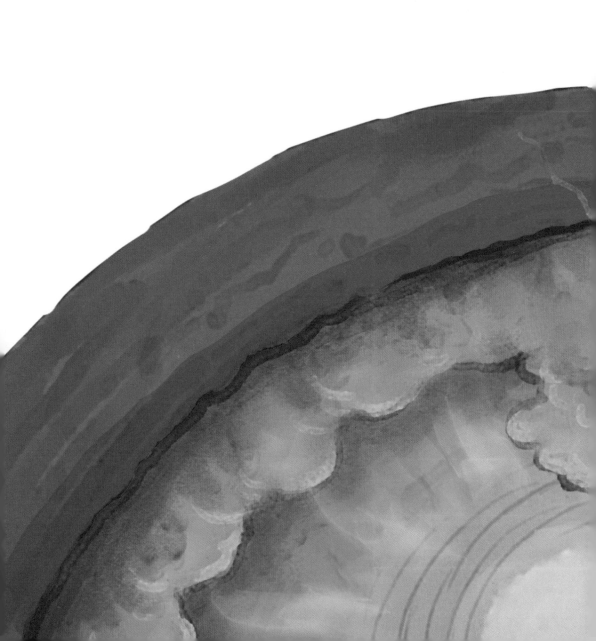

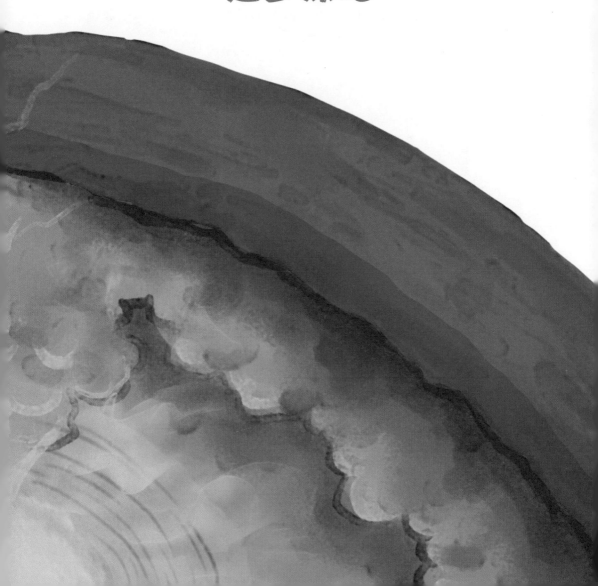

第五章

逐梦深地

持续奋斗的地质人

新中国成立以来，我国的地质事业取得了一系列突出成就，在基础地质、矿产勘查、深地探测、海洋地质、环境地质、工程地质等方面取得了令人瞩目的成就，一辈又一辈的地质人不懈努力，推动了我国地质科学的不断进步，为国家的建设发展提供了矿产资源等物质基础，为守护人民生命安全构建了坚实的地质灾害防御体系，也引领社会大众更好地认识了地球家园并懂得热爱、保护地球。

"……是那天上的星，为我们点燃了明灯。是那林中的鸟，向我们报告了黎明……背起了我们的行装，攀上了层层的山峰；我们满怀无限的希望，为祖国寻找出丰富的矿藏。"新中国成立之初，一首《勘探队员之歌》唱出了广大地质人为国家建设甘愿奉献的豪情壮志，地质人也成为当时人们心中的偶像。

当时，国家建设急需能源资源，李四光等老一辈地质人满怀爱国热情，以"找矿兴国"为己任，创建我们自己的找矿理论与方法，用双脚测量大地，相继发现了大庆、胜利等油田。油田的发现和开采，解决了新中国经济建设中能源紧缺的问题，为摘掉我国"贫油"的帽子和石油工业的发展做出了重大贡献。老一辈地质人在长期艰苦的工作实践中，积淀孕育出了"三光荣"精神——"以献身地质事业为荣、以找矿立功为荣、以艰苦奋斗为荣"，这笔宝贵的精神财富成为鼓舞和激励一代又一代地质工作者的精神支柱和力量源泉。

尽管并不都能成为闪耀的明星，但对于脚下的这一片热土，每一位地质人和前辈们一样，葆有深沉和持久的情感。高原海岛、峡谷峭壁、乱石丛林、荒漠戈壁、深海大洋、火山冰川……地质人的足迹遍布祖国的天南海北。

野外作业是地质人的家常便饭，说到此，应该会有人投来羡慕的眼光吧？"出野外是不是就可以游山玩水了？"非也，了解地质的人都知道，"苦"是地质人生活的常态，因为野外作业的环境常常是艰苦与险恶的。

"上山背馒头，下山扛石头，远看以为是收破烂的，近看才知是搞地质勘探的。""嫁女不嫁地质郎，一年四季到处忙。春夏秋冬不见面，回家一包烂衣裳。"这些地质人自我调侃的打油诗，真实反映了野外作业时生活条件的简陋，但也体现了地质人吃苦耐劳和敢于奉献的精神。

"搞地质就是找矿的吗？"这是很多人的误区。其实，找矿只是其中一项工作，地质人还要利用各种仪器设备、创新工作方法来不断提升对地球，以及地球与人类之间的相互关系的认知。地球不仅有波光潋滟的山水柔情与秀丽美景，还有许多我们未知的奥秘，地质人便是解密地球的一群人。

出野外考察时，每一个地质人都有自己必不可少的"小伙伴"，那就是罗盘、地质锤和放大镜，它们也被称为地质人的"老三件"。就像战士佩带的钢枪一样，这三件也是地质人出野外考察必备的"武器"。

罗盘的用途有很多，最主要的是测量岩层的产状和测定方向。测量岩层的产状，就是看看岩层是水平的还是倾斜的，倾斜的话，向哪个方向倾斜，倾斜多少度；测定方向就是充当指南针，为身处荒郊野外的地质人指引方向，确保他们正确识别方位、不会迷路。

地质锤主要用于采集岩石，岩石可是地质人的宝贝。地质锤两头的形状不一样，一头是方形的，另一头是尖形的。方头用于敲击岩石，使其破碎成块状。尖头用于剥离岩石。地质人在遇到岩石露头时，一般先用方头敲击岩石，尽管很多岩石非常坚硬，不容易破碎，但是经过反复敲打，还是会裂开，产生一些缝隙，

这时候就可以将尖头伸入缝隙中，整个地质锤充当杠杆，在另外一个地质锤的敲打下将所需的岩石块撬下来；同时，尖头还能协助地质人将采集到的岩石块的棱角修去，便于拿取、携带。

放大镜的作用就一目了然了，用于仔细观察岩石的结构、构造和矿物成分等。一般情况下，见多识广的地质人在观察后都能很容易地识别出岩石的种类，准确进行定名。

当然，有"老三件"就有"新三件"。随着工作条件的改善，地质人的设备也在更新换代，出现了GPS、相机、笔记本电脑"新三件"。野外科考的顺利开展，不仅需要地质人带上各种设备，还需要掌握不少野外生存技能，例如搭帐篷、生火、野菜野果辨认、紧急避险与急救……

地质精神薪火相传，生生不息。在新中国地质事业发展的征程上，有以李四光、**黄大年**为代表的地质科学家们排除千难万阻，怀着报效祖国的满腔热血，将个人前途命运与国家民族命运紧紧地联系在一起；也有以"铁人"王进喜为代表的一线工人，艰苦奋斗、拼搏奉献，用坚强的身躯为祖国建设贡献自己的一份力量……正是一代代、一批批地质人坚守理想、百折不挠、艰苦奋斗，筑牢了祖国强大的基石。

给地球做CT的人——黄大年

黄大年是我国著名的地球物理学家、国际著名的战略科学家。他的研究成果填补了我国"巡天探地潜海"多项技术空白，为深地资源探测和国防安全建设做出了突出贡献，大家常称他是"给地球做CT的人"。

向着地心继续进发

在地球46亿年的历史长河中，还有太多的奥秘是我们现在未知的。从深地探测的重要意义上讲，人类迈向地心世界的步伐还不能停止。

现在，地球物理手段越来越先进、多样化，国际科学钻探事业也已经取得了长足的进步，大洋中先进的钻探船不断刷新钻探深度纪录，陆地上的钻探设备越来越先进，人类在世界各地实施深地探测，期望发现地球内部更多的奥秘。

人类深地探测的未来会是什么样子的呢？"入地"，我们还能走多深呢？

我认为，问题的关键不在深度上，而是要回归深地探测的意义上面去寻找答案，那就是人类离深地探测的目标还有多远。

现有的资料表明，地下5 000～10 000米还有丰富的油气、矿产和地热等资源。目前，就算是国际上先进的资源开采技术，也只能开采到2 000～4 000米，而我国除了一部分能在1 000米深处开采资源以外，多数还都停留在几百米以内，这些深度离5 000米、10 000米还差很多。从长远发展来看，要想提高我国矿产资源的储量，我们也需要将开采深度提升至几千米。特别是我国在塔里木盆地地下9 000～10 000米发现了一些超深的大气田，要想把这些天然气开采出来，必须将开采深度提高至9 000～10 000米。所以，从"向地球深部要资源"的角度考虑，人类仍需要向着地心继续进发。

地下深部是自然灾害（例如火山爆发、地震等）发生的空间，要想准确认识地质灾害发生的原因、精准预测并采取措施，需要我们从尘封在地球深部的岩石上找答案，这也需要我们向着地心继续进发。

怎么向着地心世界继续进发呢？客观来讲，除了通过实验模拟来窥探一二，地心可能是我们永远到不了的地方。

不过，我仍愿意大胆地想象，想象着有一天，科学钻探真的能打穿莫霍面，到时候我想看看神奇的莫霍面究竟是什么样子的；然后继续向下探索，去看看上地幔的岩石是不是塑形越来越强，越来越像面团。我还有一个大胆的幻想，人类未来是不是能够发明出智能钻探技术，想在什么地方打钻就在什么地方打钻。关于"入地"，你们的梦想是什么呢？

我坚信，随着人类科学技术的进步，人类"入地"的深度一定会继续增加，到那时候，莫霍面说不定会展示在人类的面前。

梦想是美好的，是动人的，但是梦想要建立在科技进步的基础上。逐梦深地，需要小朋友们努力学习科学文化知识；加强交流沟通，掌握科学技术的前沿动态；同时，最重要的是，树立"为中华崛起而读书"的理想信念，像李四光、黄大年一样，不忘初心、牢记使命，为中华民族的伟大复兴贡献自己的力量。

致　谢

本书在编著过程中，得到了中国地质科学院地质研究所研究员苏德辰、中国地质科学院地球物理地球化学勘查研究所教授级高级工程师郭友钊、中国地质调查局自然资源实物地质资料中心教授级高级工程师刘凤民的悉心指导和帮助。三位专家对图书内容进行了审读，并提出了很多宝贵的意见和建议，在此致以诚挚的谢意。

特别感谢中国地质大学（北京）王成善院士团队，他们不惧艰辛、追求真理、勇攀科技高峰，在他们的不懈奋斗下，松辽盆地大陆科学钻探工程取得了显著的科研成果，这些科研成果是本书创作的基石。

此外，河南科学技术出版社的编辑老师在图书设计、文字审校、出版流程安排上付出了大量努力，她们用心做好每一本书的态度与追求，使得图书能以尽可能好的形式呈现在读者面前。感谢编辑老师的辛苦付出！